Das Würfelhaus

Vom Bild zur Zahl

Vorkurs Teil 2

Lehrgang Pränumerik

Förderung von mathematischen Basiskompetenzen

Erarbeitet von:

Christine Becky
Berit Fuß
Christiane Staufer
Christine Strauß-Ehret
Organisation:
Christine Baumann
Illustrationen von:
Ingrid Martin
Rebecca Köwler

Themenverzeichnis Teil 2:

9
10

Farben Seitenrand:

Themeneinführung

Ziffer und Mengen 4 - 10

Räumliche Beziehungen

Lernstand

Vergleiche

Druck: KOPA, LT, 2023
Satz: Christine Strauß-Ehret, Herxheim

Das lerne ich mit Schneckchen:

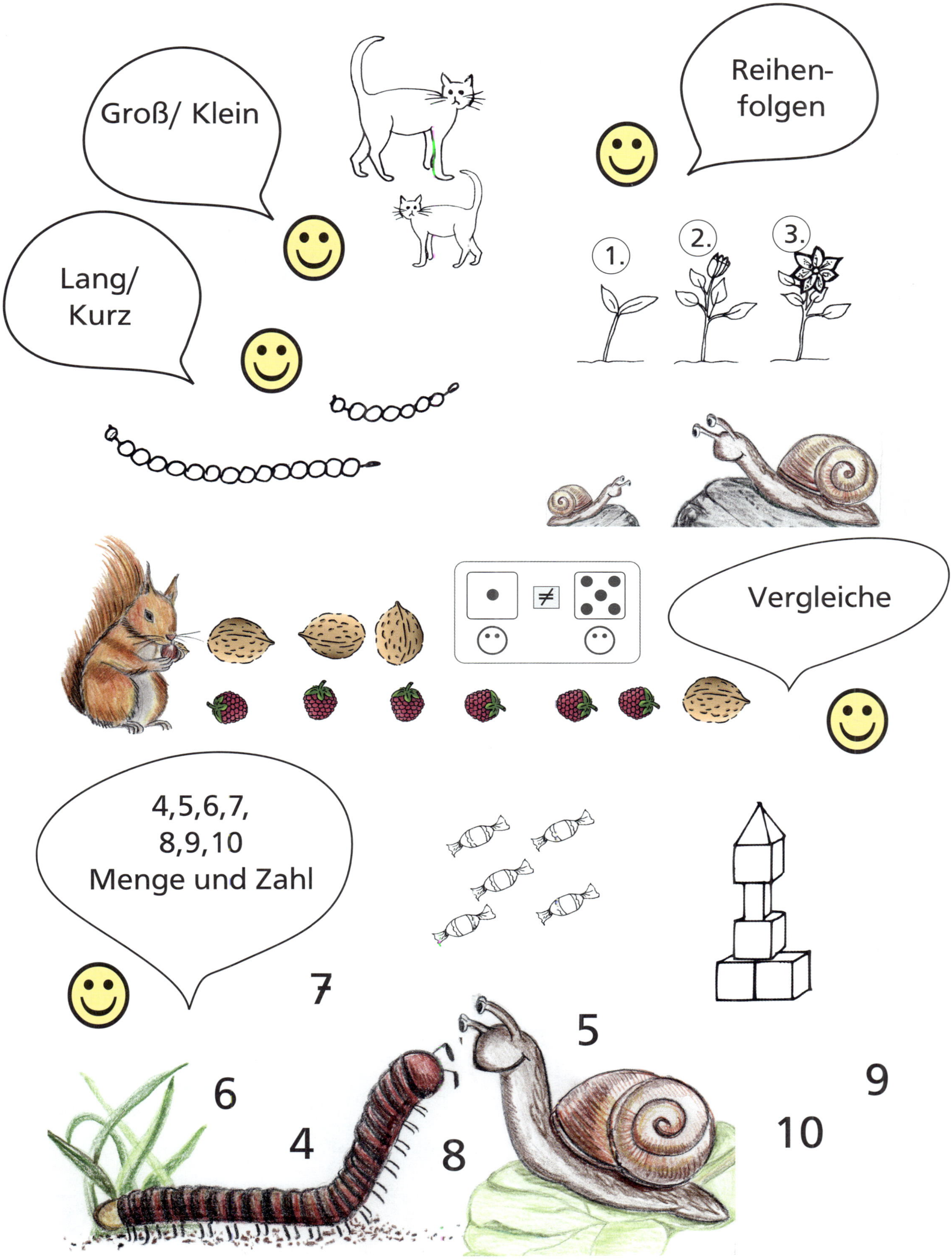

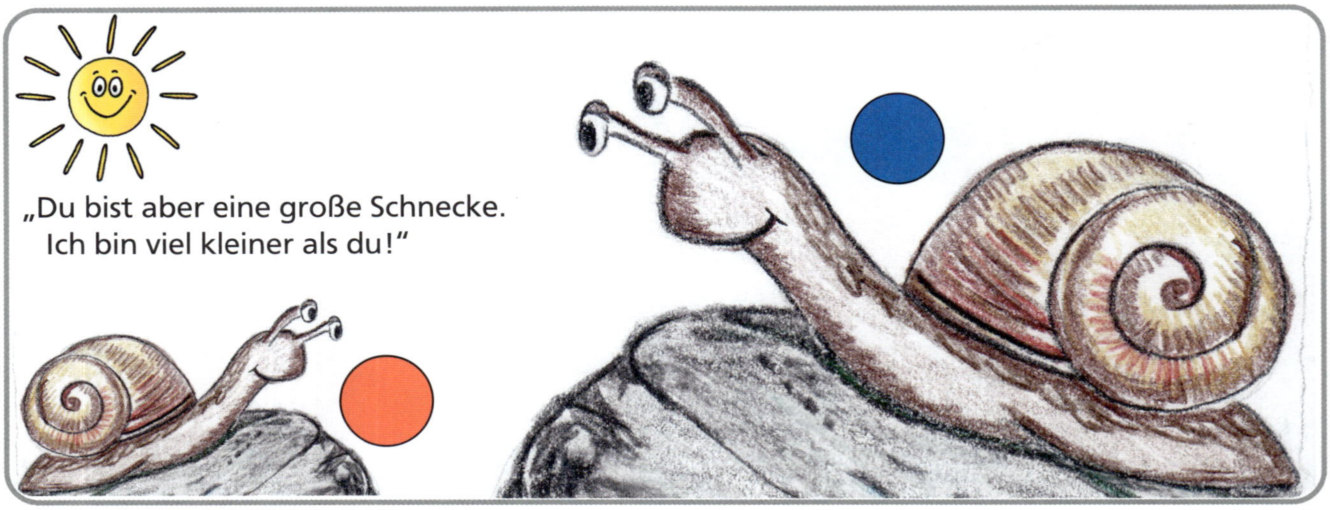

Was ist klein? Male rot. Was ist groß? Male blau.

Gesprächsanlass: Was ist groß, was ist klein? Größenverhältnisse (große und kleine Dinge) in der Wirklichkeit.

Was ist am kleinsten? Male rot. Was ist am größten? Male blau.

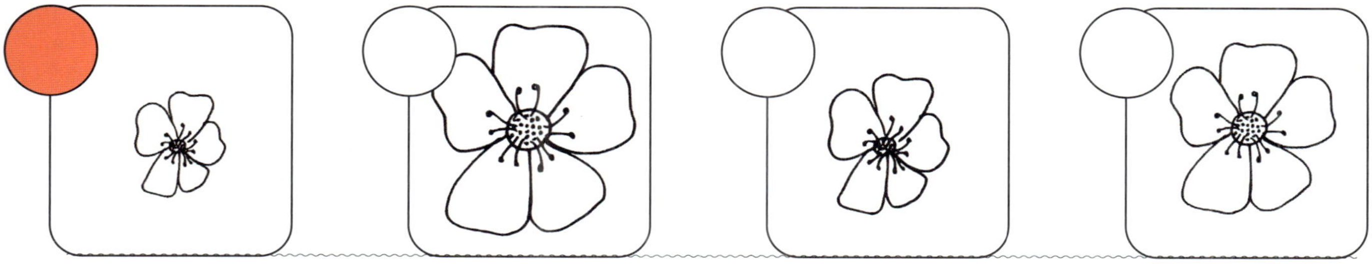

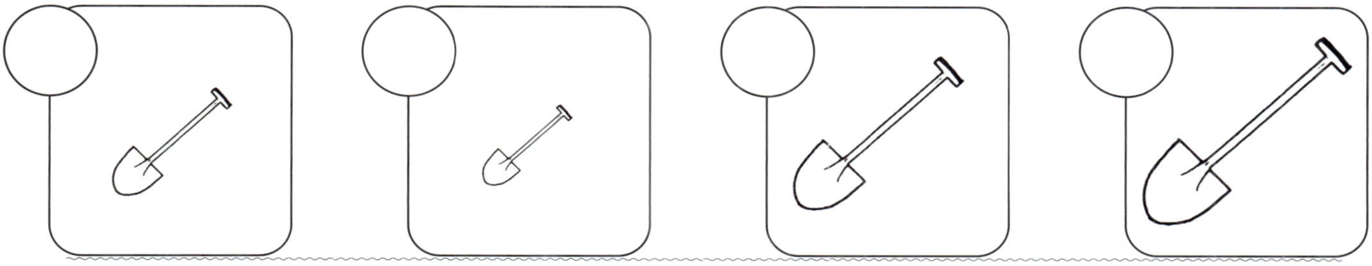

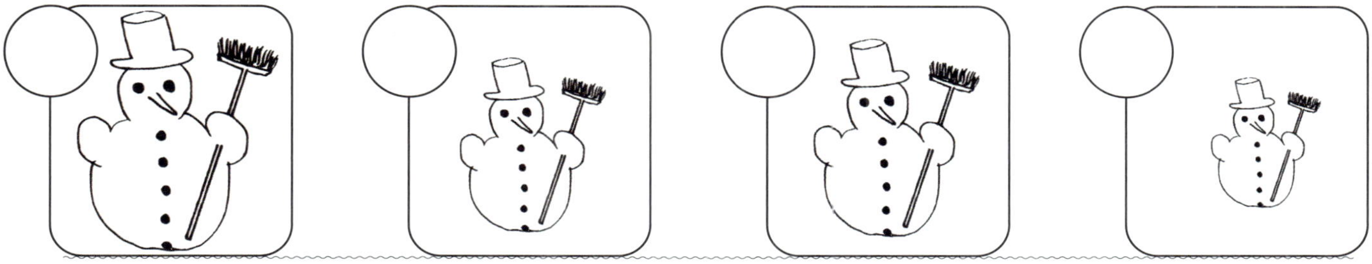

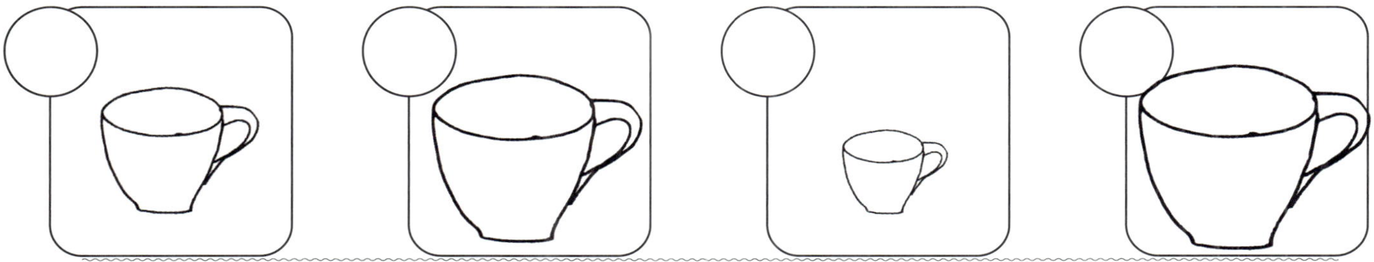

Ordne der Größe nach. Beginne mit dem Kleinsten.

Apfel	Apfel	Apfel	Apfel
Haus	Haus	Haus	Haus

Üben von Vergleichen und zugehörige Begrifflichkeiten. Unten: Ausschneidevorlage S. 71

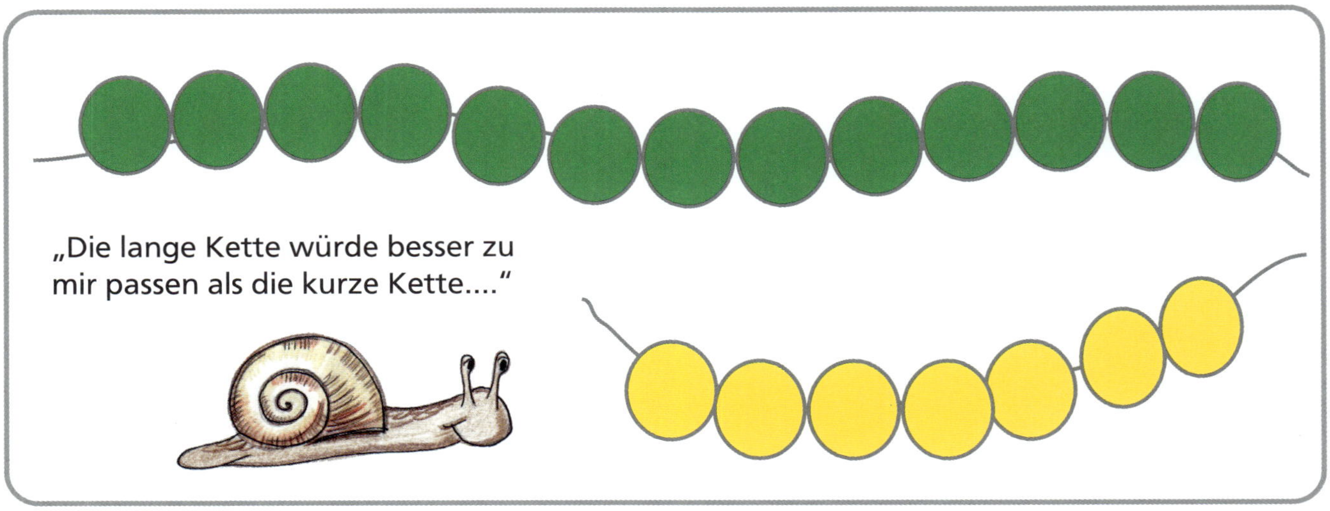

Was ist kurz? Male gelb. Was ist lang? Male grün.

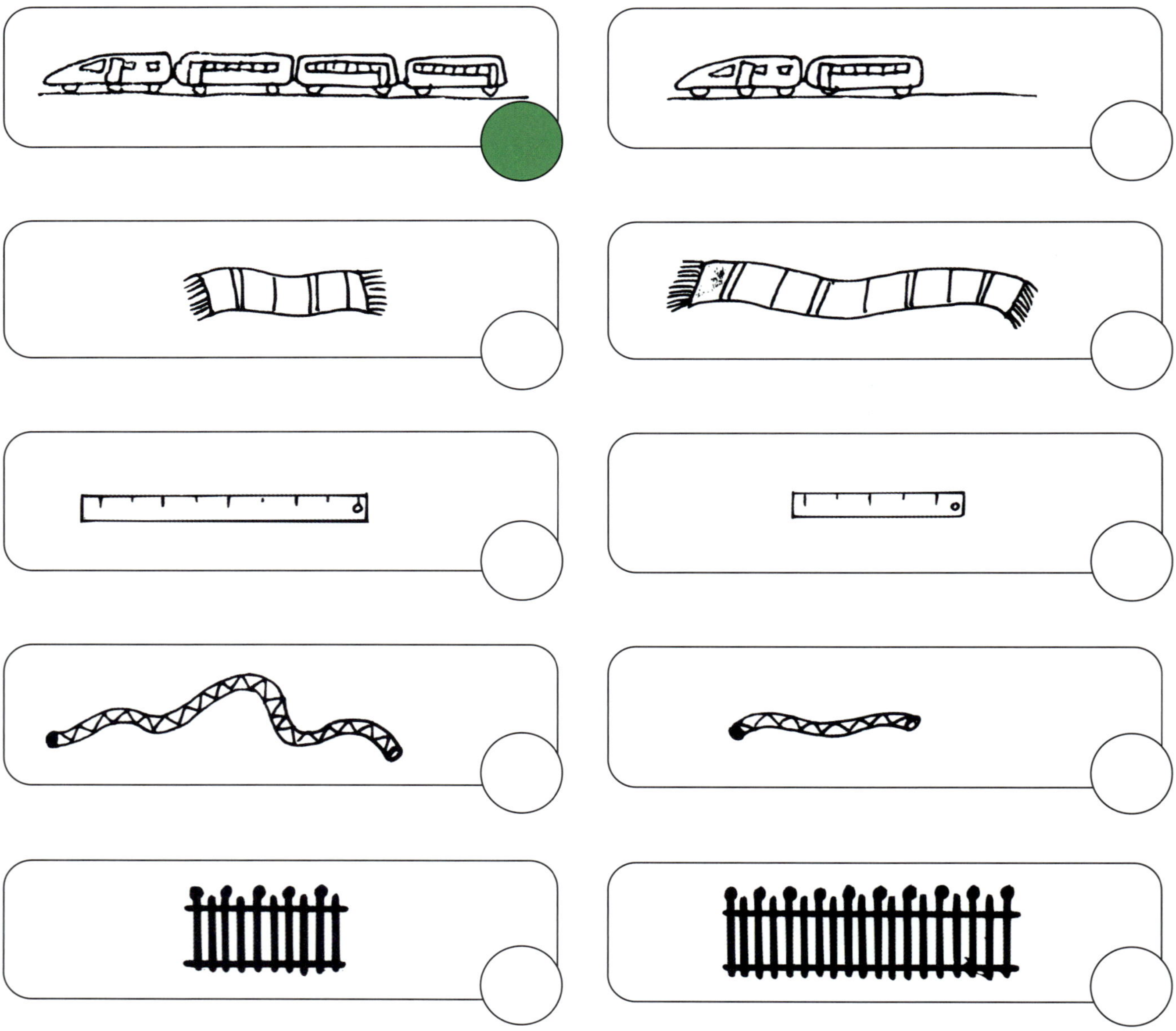

Gesprächsanlass: Was ist kurz, was ist lang? Größenverhältnisse (kurze und lange Dinge) in der Wirklichkeit.

Was ist am kürzesten? Male gelb. Was ist am längsten? Male grün.

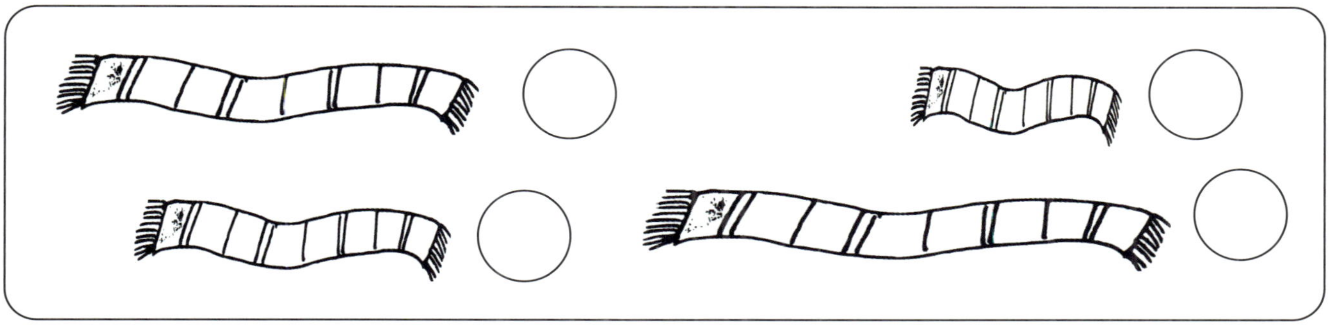

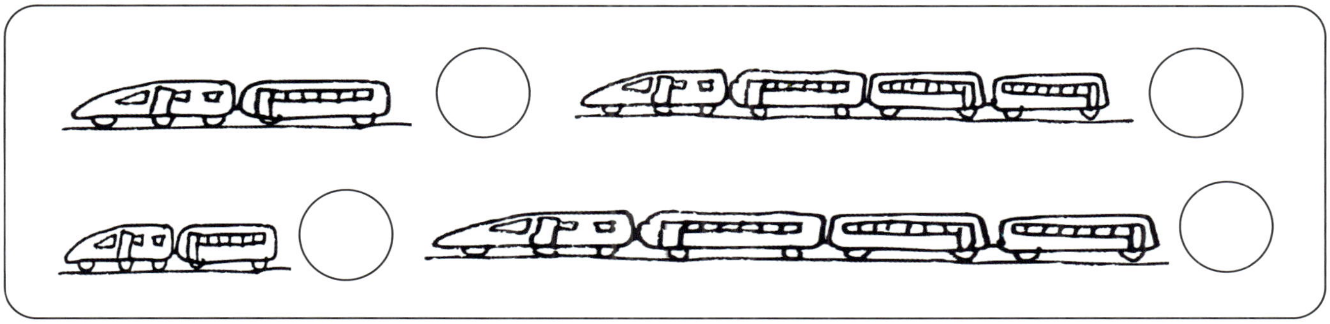

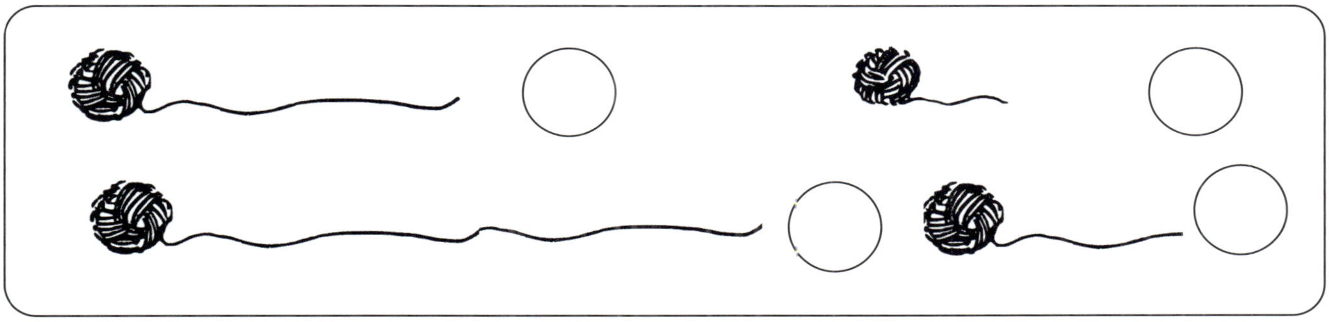

Ordne der Länge nach. Beginne mit dem Kürzesten.

Seil	Seil
Seil	Seil

Stift	Stift
Stift	Stift

Üben von Vergleichen und zugehörige Begrifflichkeiten. Unten: Ausschneidevorlage S.71

Ordne. Was kommt zuerst? Schreibe die passende Zahl.

1.

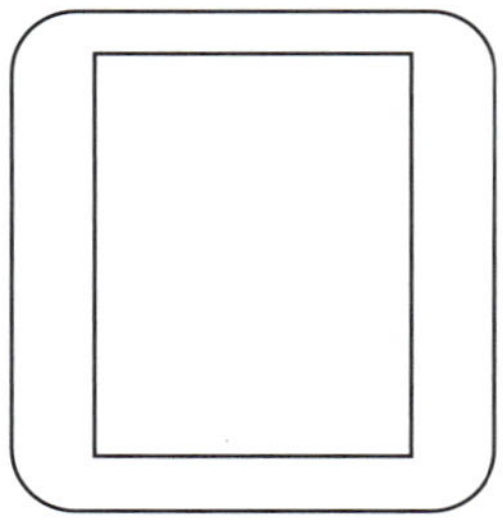

1.

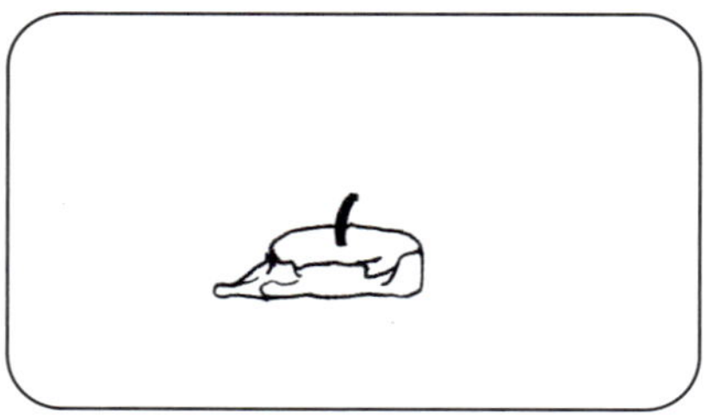

Gesprächsanlass: Zeitliche und räumliche Relationen/Beziehungen begrifflich aufarbeiten, wie „vorher-nachher“, „zuerst-später-dann“, „am Anfang - am Ende.“

Erkennen von Abfolgen. Was war zuerst, was kommt dann, was ist am Ende?

Was ist klein? Was ist groß?

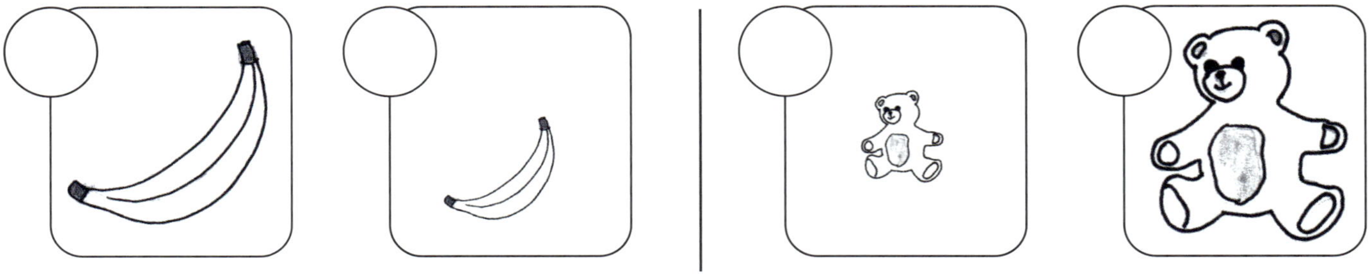

Überlege: Was ist wirklich am kleinsten?
Was ist wirklich am größten?

Was ist kurz? Was ist lang?

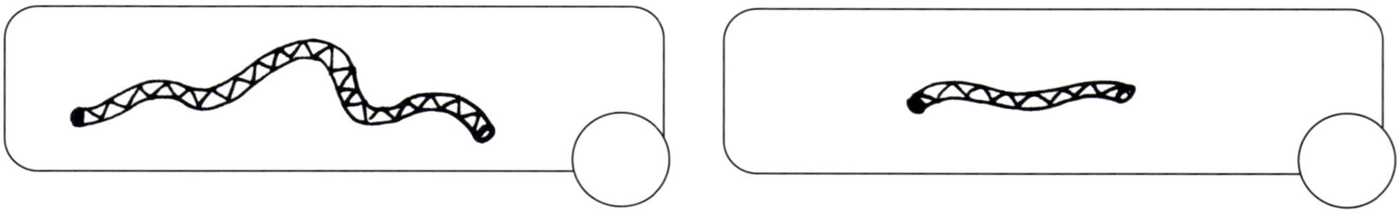

Überlege: Was ist wirklich am kürzesten?
Was ist wirklich am längsten?

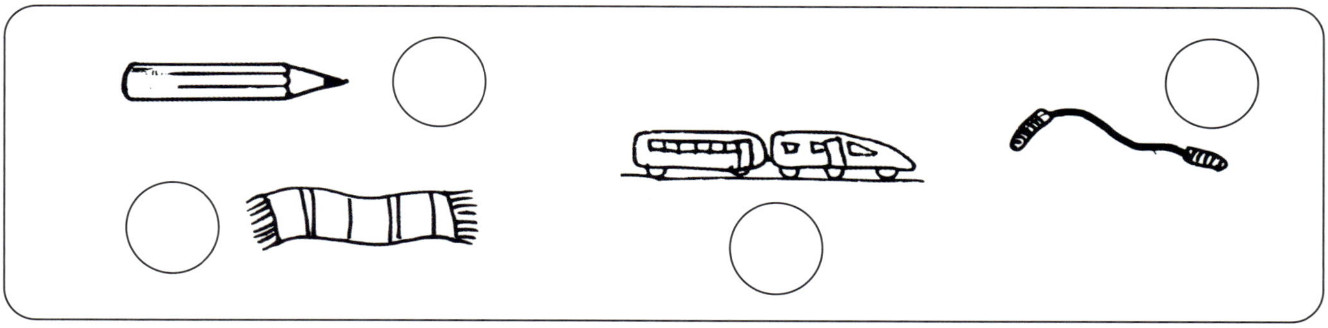

Ordne. Was kommt zuerst? Schreibe die passende Zahl.

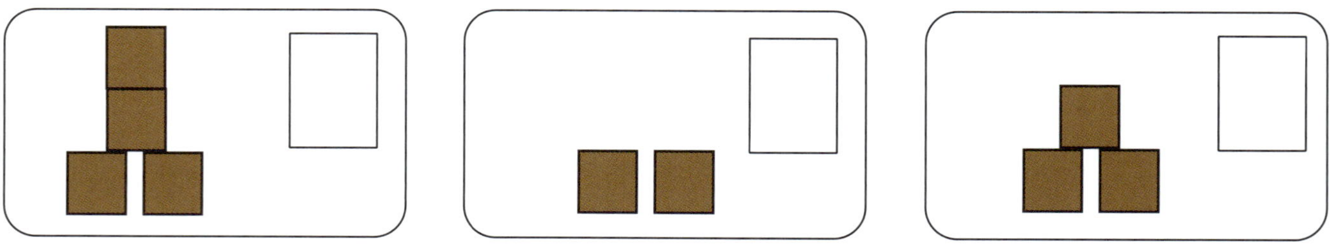

Feststellung des Vorwissens/ Lernstand: Unterscheidung von groß und klein, von lang und kurz und von Abfolgen. Übertragung auf die Wirklichkeit.

Schneckchen trifft den Tausendfüßer noch einmal.
„Hallo Schnecke" - „Hallo Tausendfüßer." „Ich kenne nun schon die Zahlen 0, 1 , 2 und 3. Jetzt lerne ich noch die anderen, bis 10."

5 8

10 6

7 9 4

Lernstand: Welche Ziffern kennen die SuS bereits? Welche Zahlen können schon sicher geschrieben werden?

Fahre mit verschiedenen Farben nach.

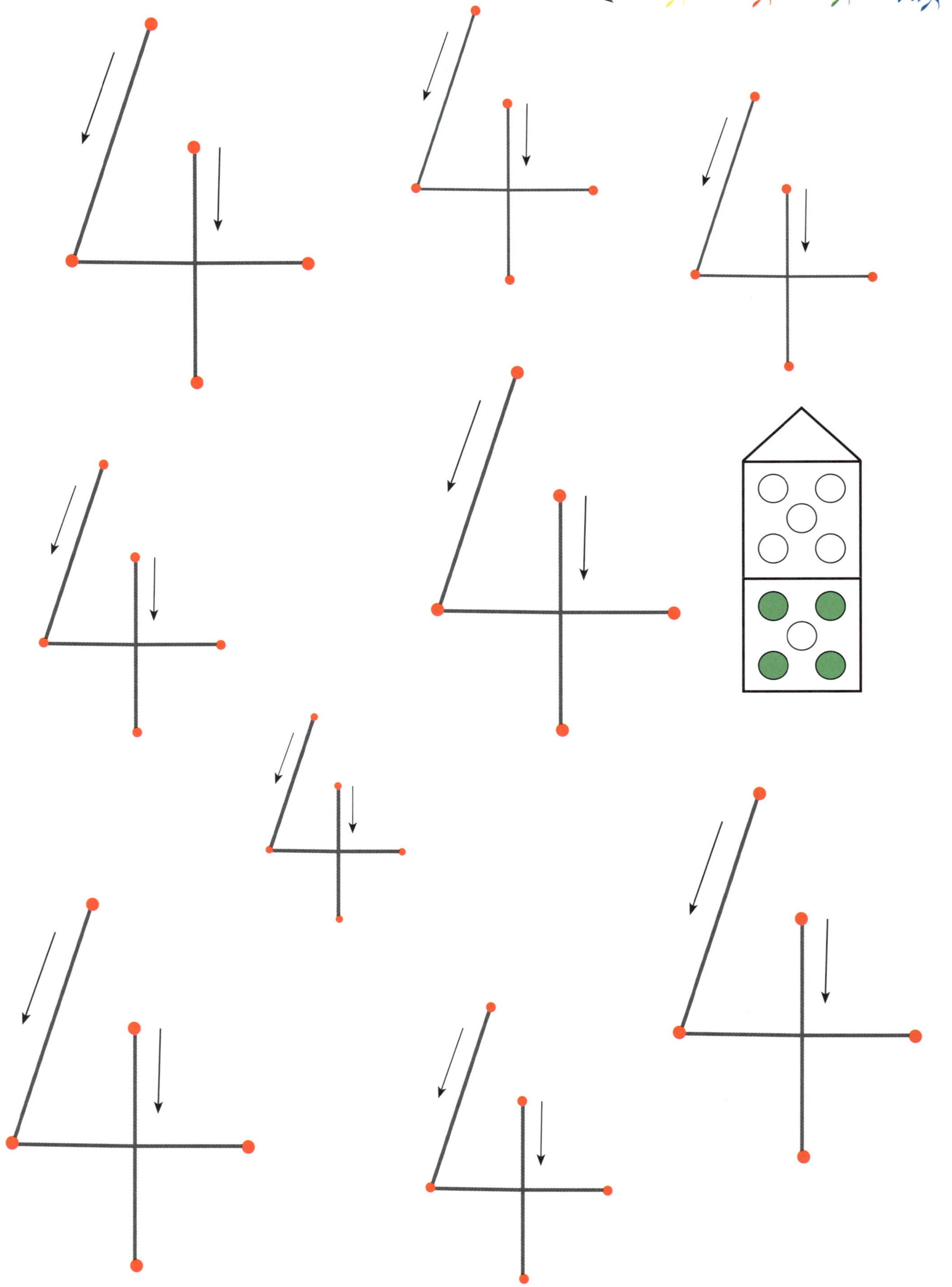

Immer 4. Male weiter.

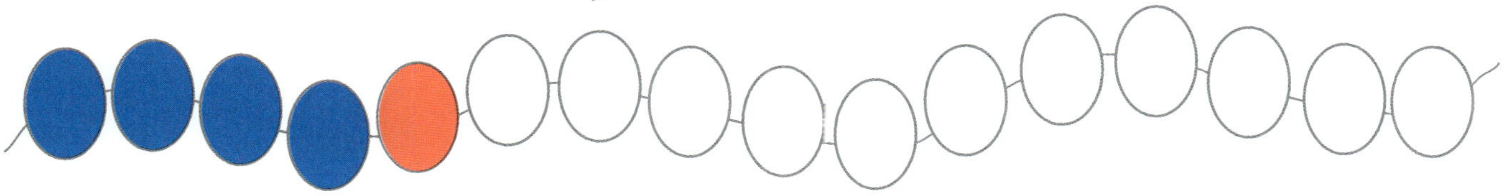

Wovon gibt es genau 4? Male an.

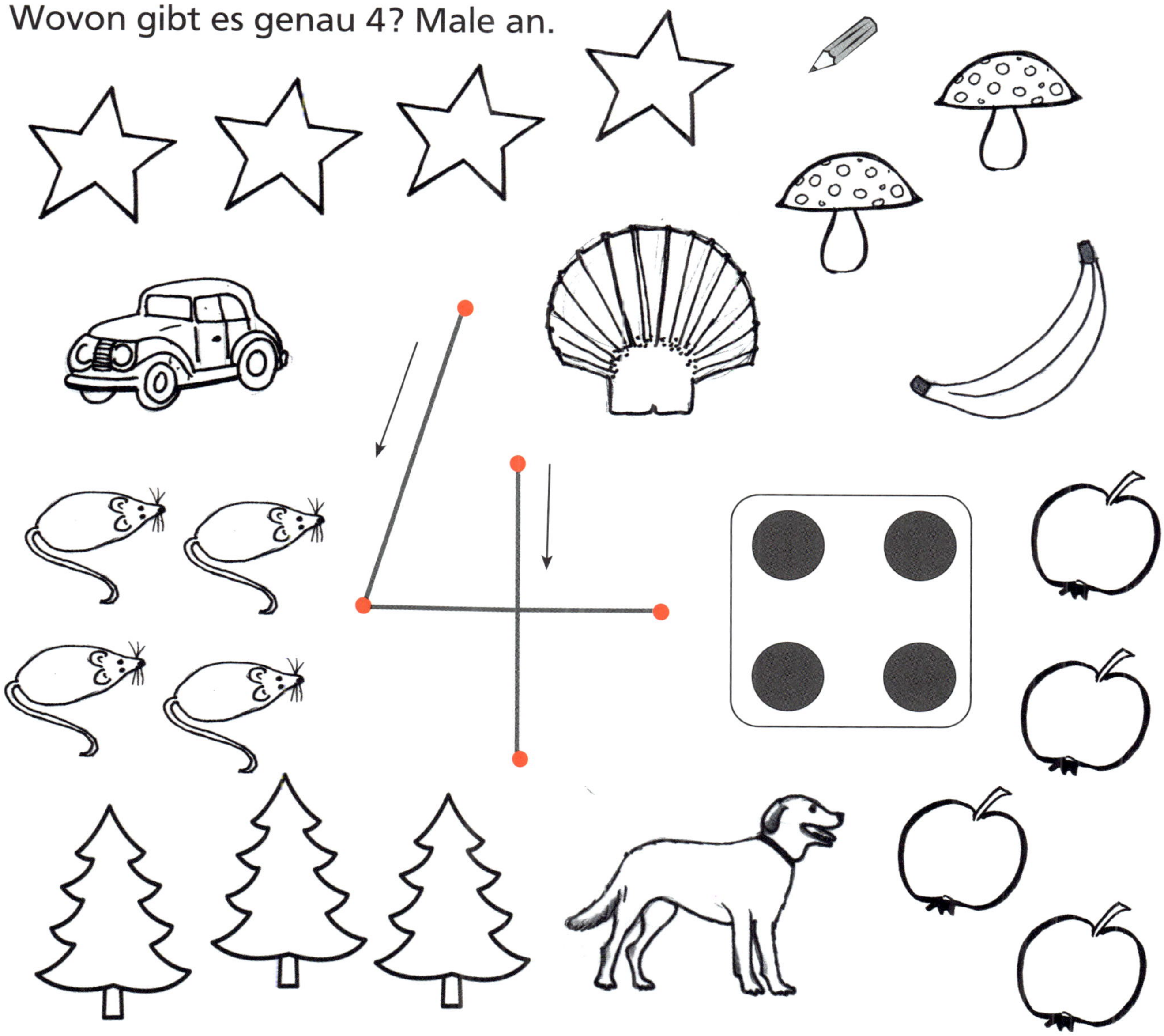

Fahre mit Farben nach.

Schneide aus einem Katalog 4 gleiche Gegenstände aus.
Klebe auf.

4

Finde die Ziffer 4 und kreise sie ein.

2 7 1 2 1 4 0 6 8 3 0 4 5
4 9 4 4 1 1 2 4 9 4
1 4 9 1 3 6 5 1 3 4 1 6

Schreibe nach.

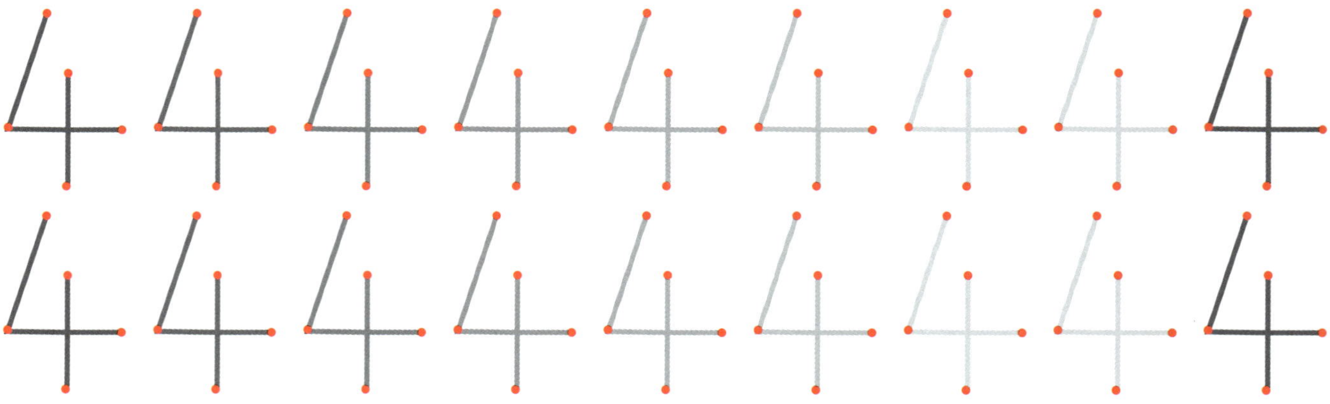

Alternativ zur ersten Übung: Vier gleiche Gegenstände malen.

Finde die Ziffer 4 und male sie an!

Kreise immer 4 Dinge ein.

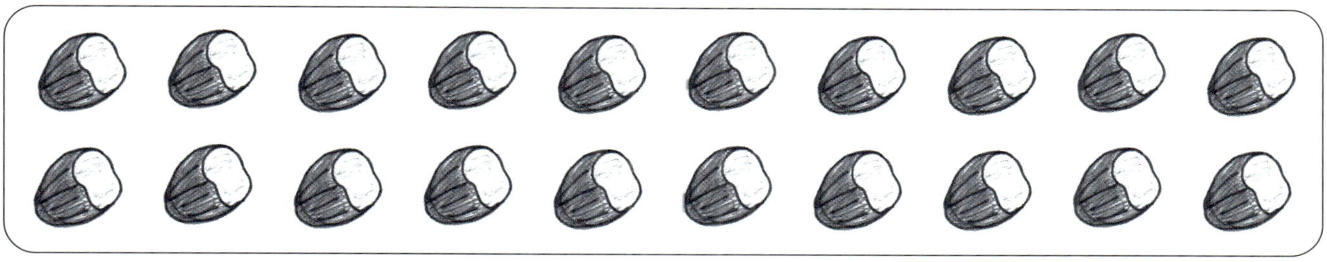

Schreibe nach.

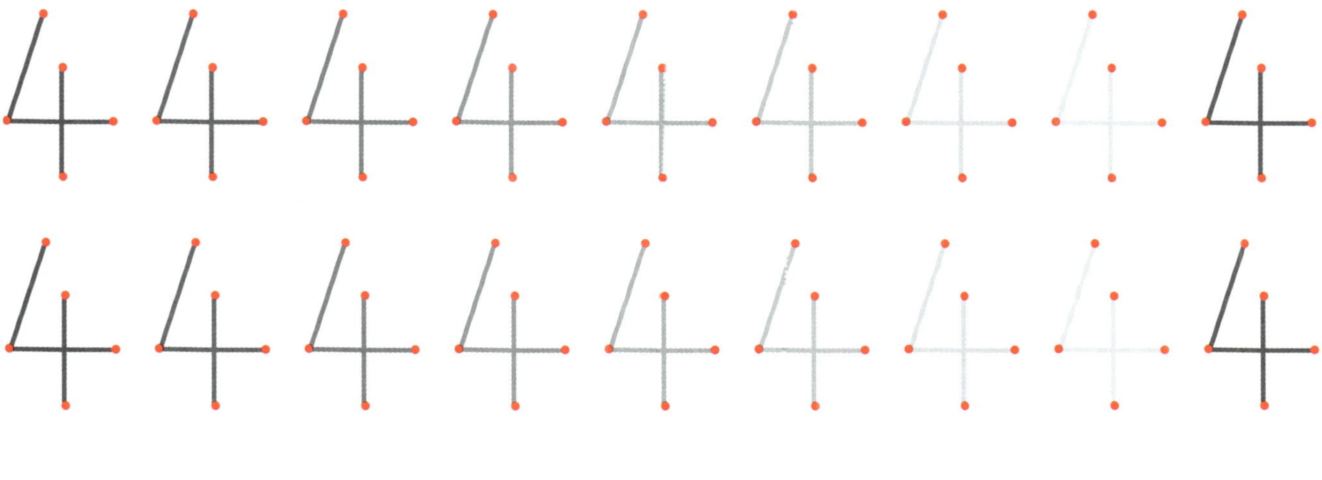

Immer Vier. Streiche aus oder male dazu.

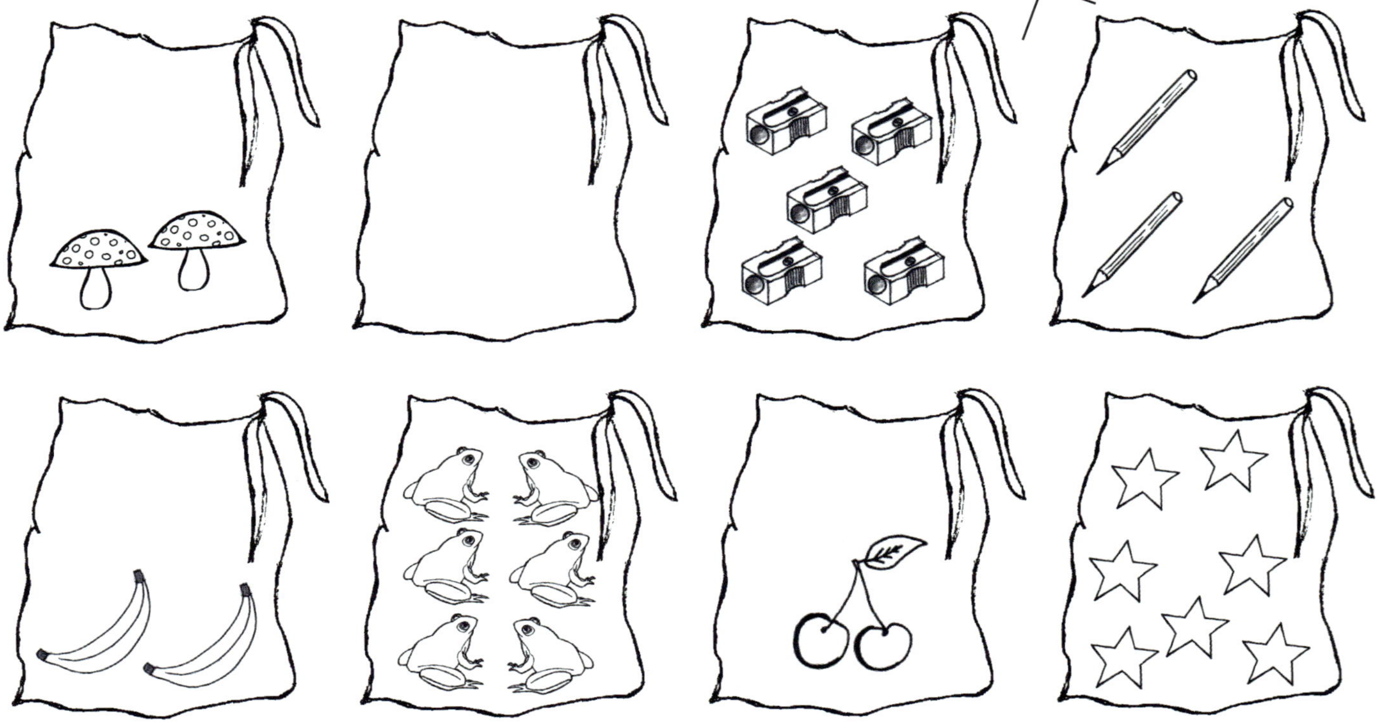

Wie geht es weiter? Male.

Schreibe.

4

4

4

Fahre mit verschiedenen Farben nach.

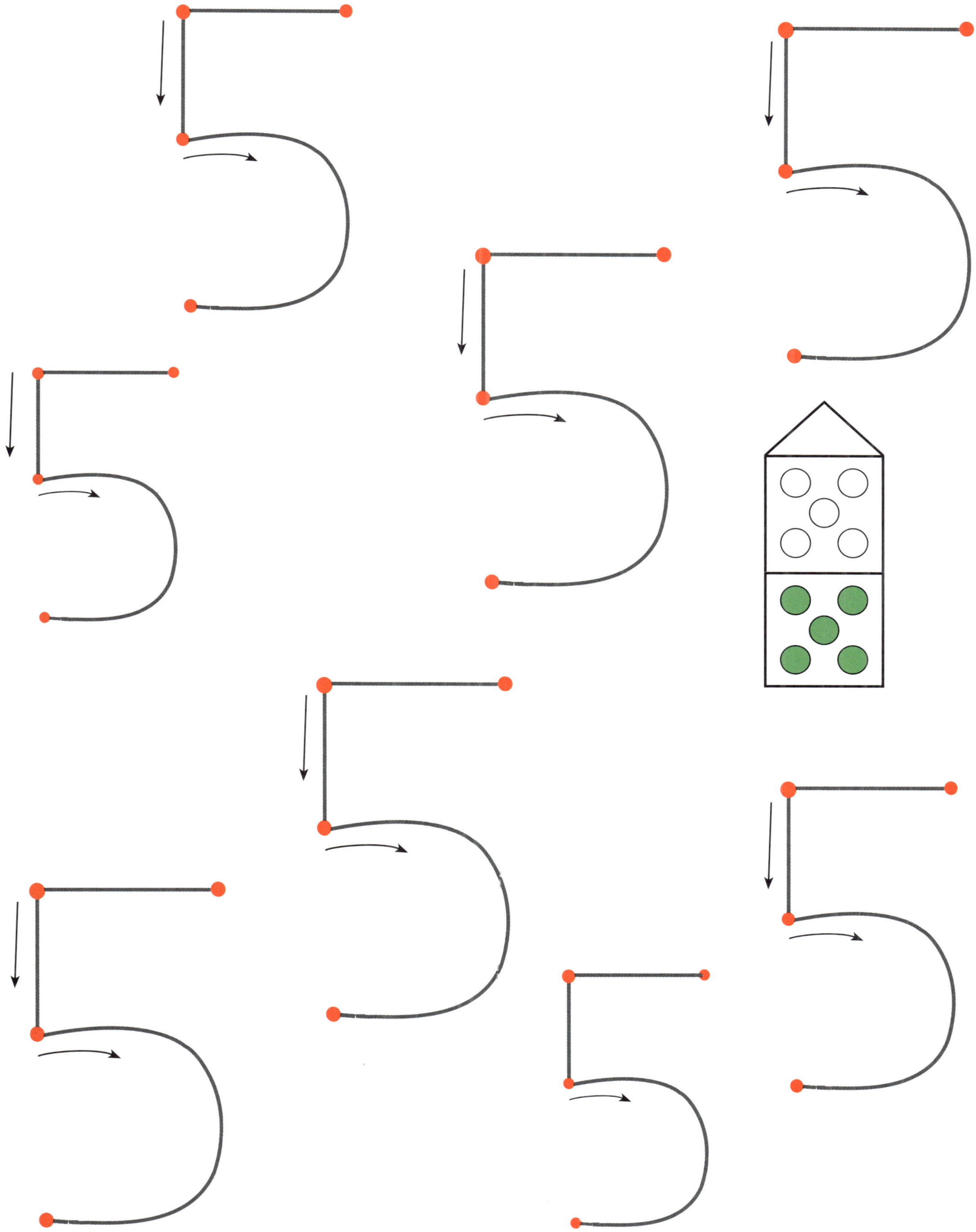

Male die Kette weiter an.

Wovon gibt es genau 5? Male an.

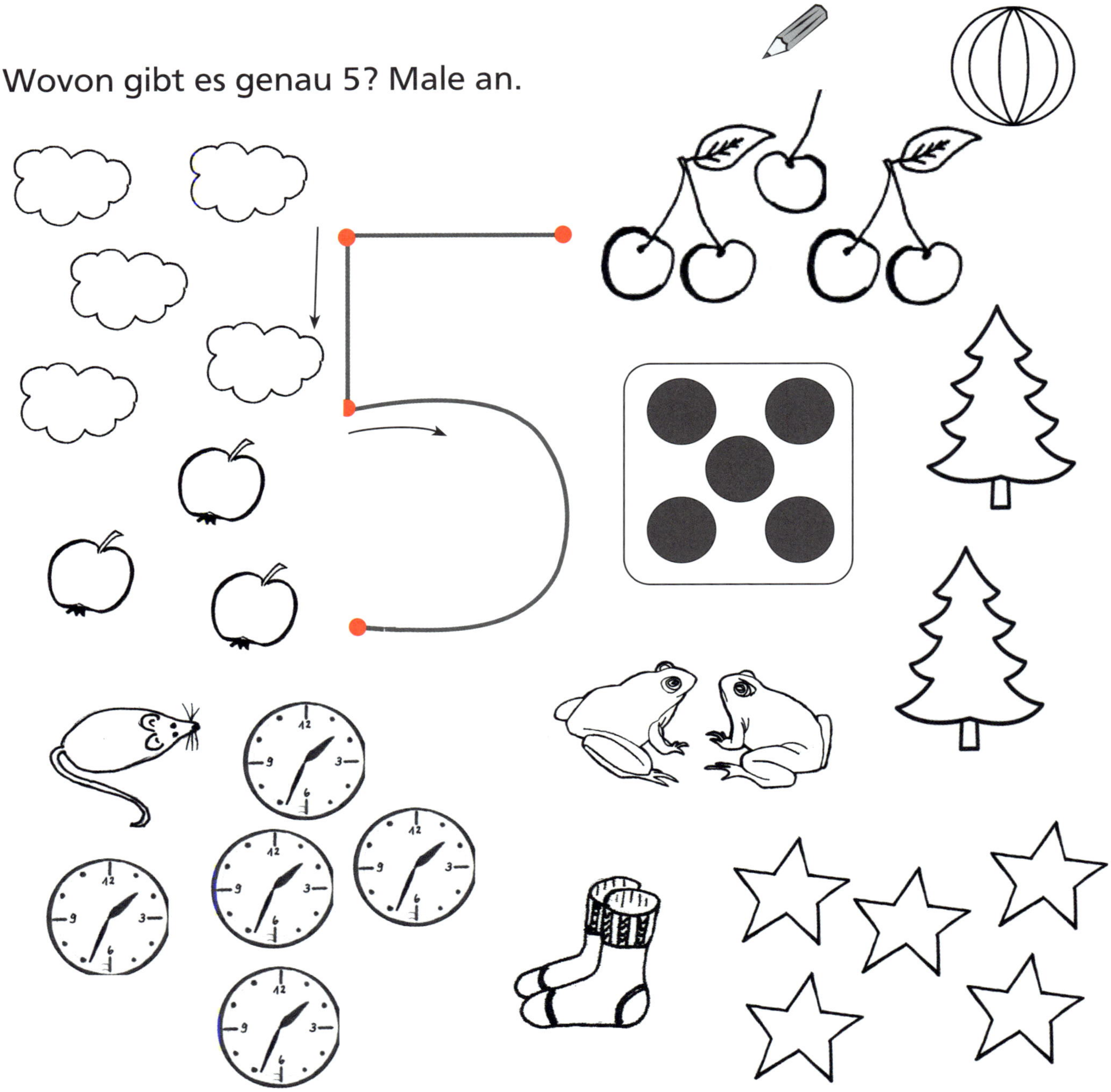

Schreibe nach.

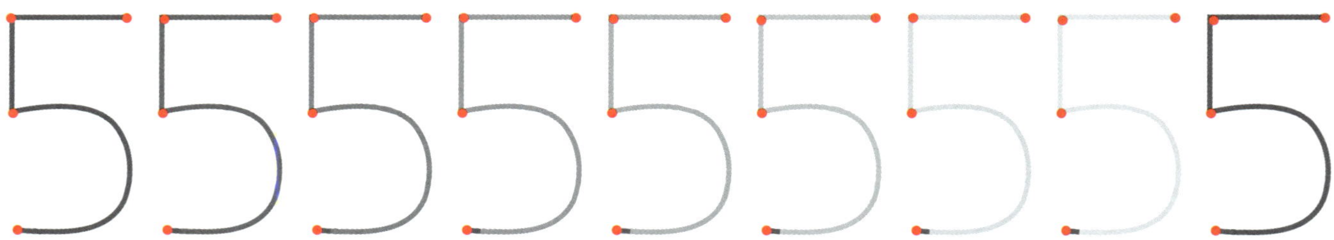

Schneide aus einem Katalog immer 5 gleiche Dinge aus.
Klebe auf.

5

Finde die Ziffer 5 und kreise sie ein.

2 7 5 2 1 5 8 2 5
5 9 4 6 3 5 9 2 4
5 2 1 5 2 6 1 3 2

Schreibe nach.

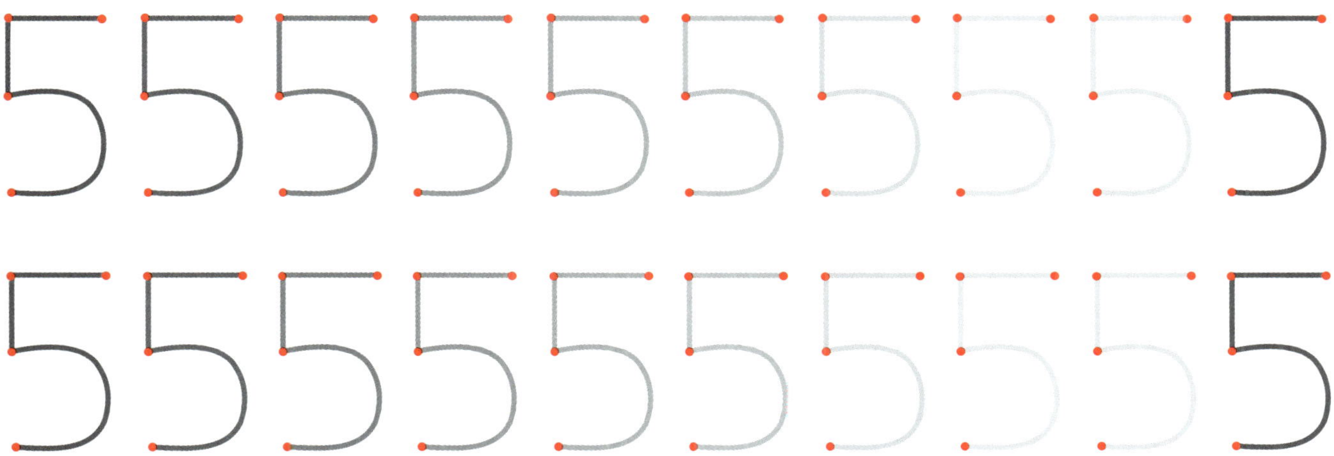

Alternativ zur ersten Übung: Fünf gleiche Gegenstände malen.

Finde die Ziffer 5 und male sie an!

Kreise immer 5 Dinge ein.

Schreibe nach.

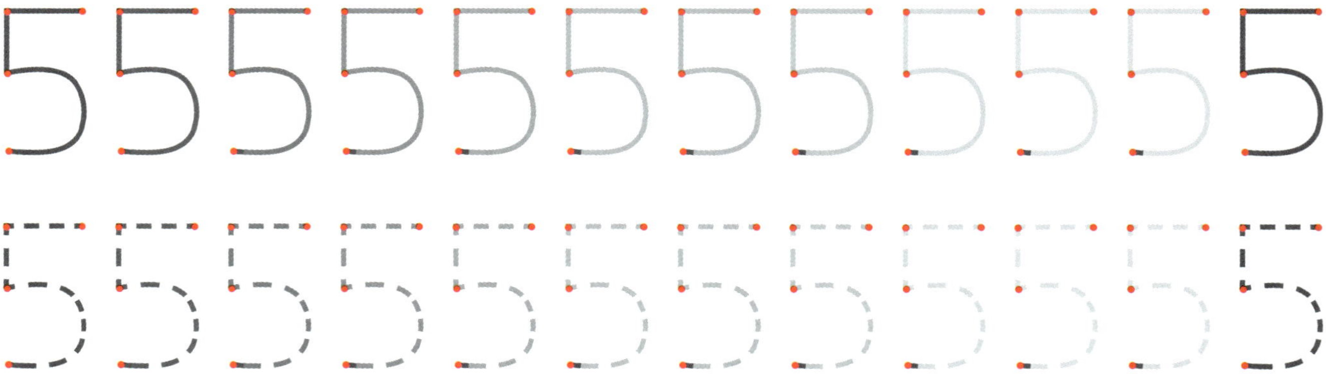

Alternativ zur ersten Übung: Immer fünf gleiche Gegenstände malen.

Immer 5. Streiche aus oder male dazu.

Wie geht es weiter? Male.

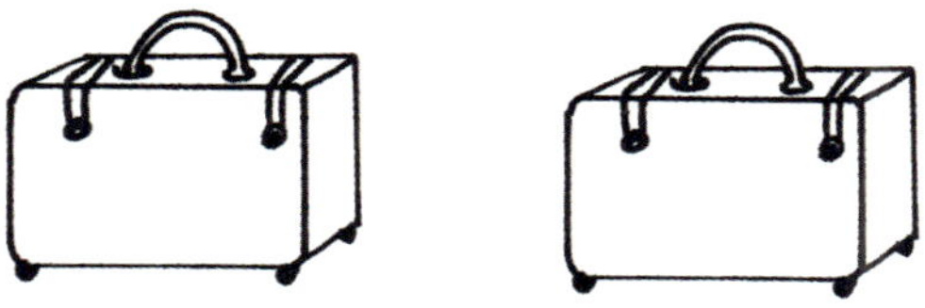

3

4

Schreibe.

5

5

Wie viele? Schreibe die Zahl.

Wie viele Formen von jeder Sorte?

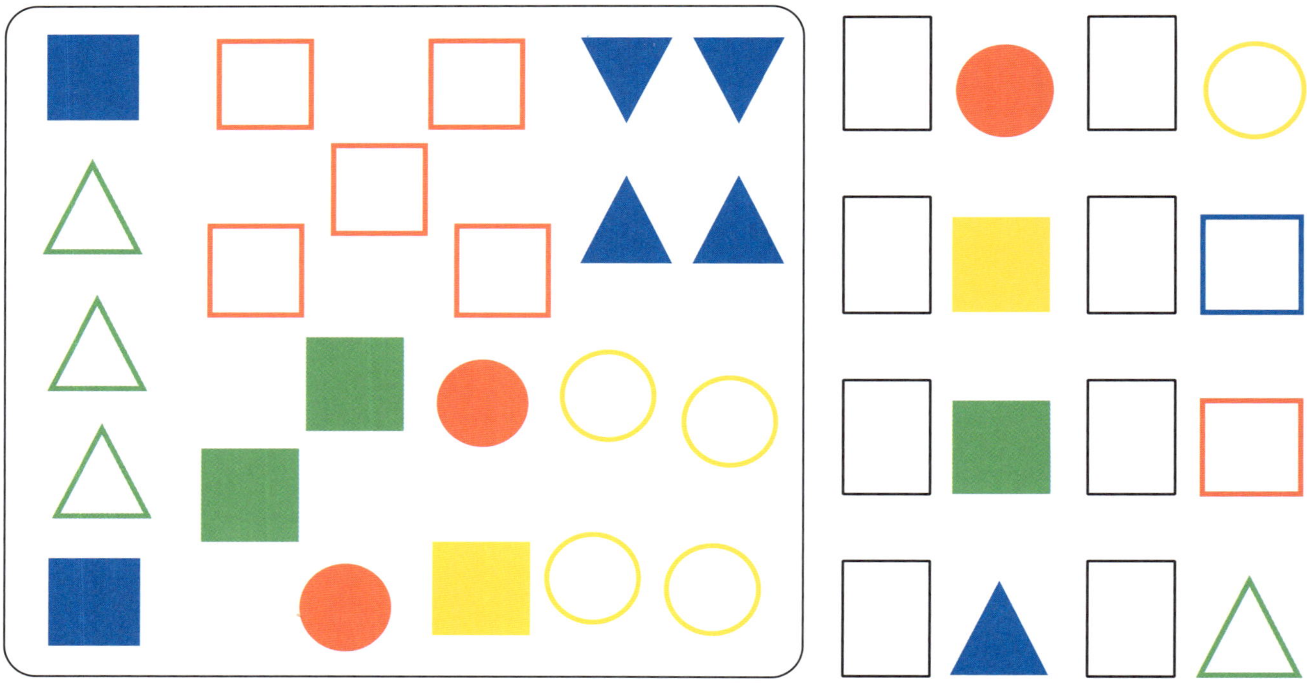

Male die Kästchen passend aus.

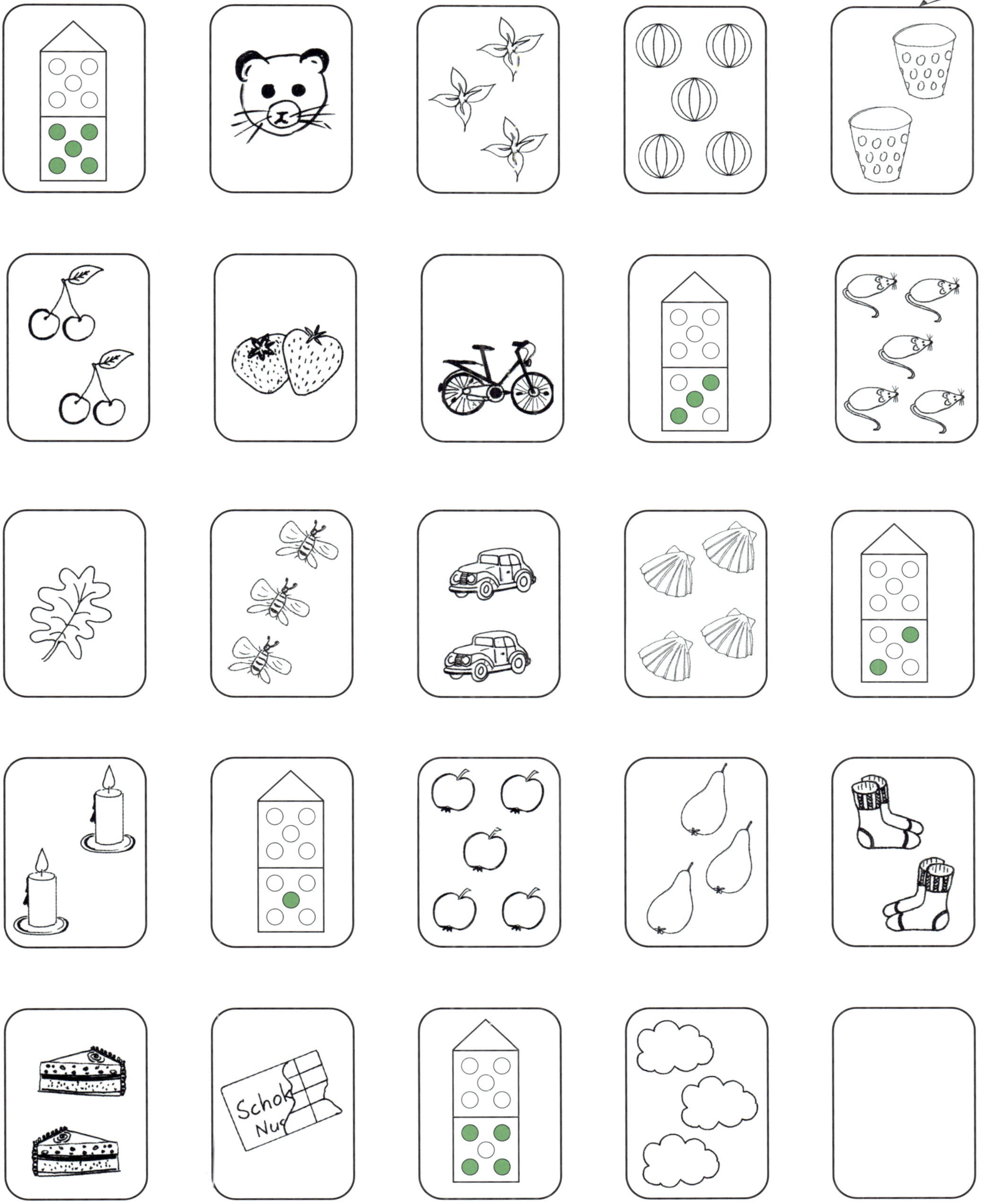

0 1 2 3 4 5

Wie viele? Streiche aus oder male dazu.

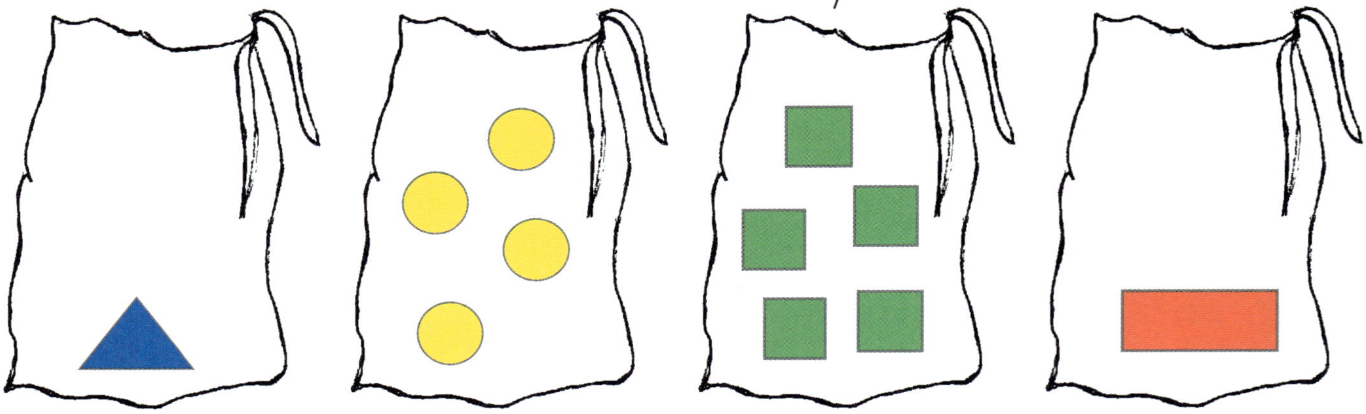

4 2 3 2

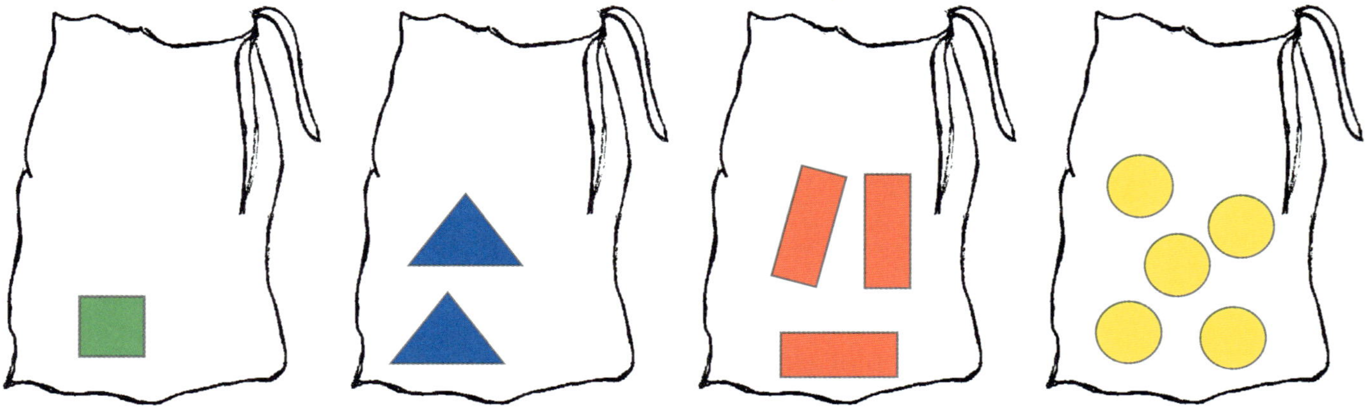

5 3 0 1

Male passend.

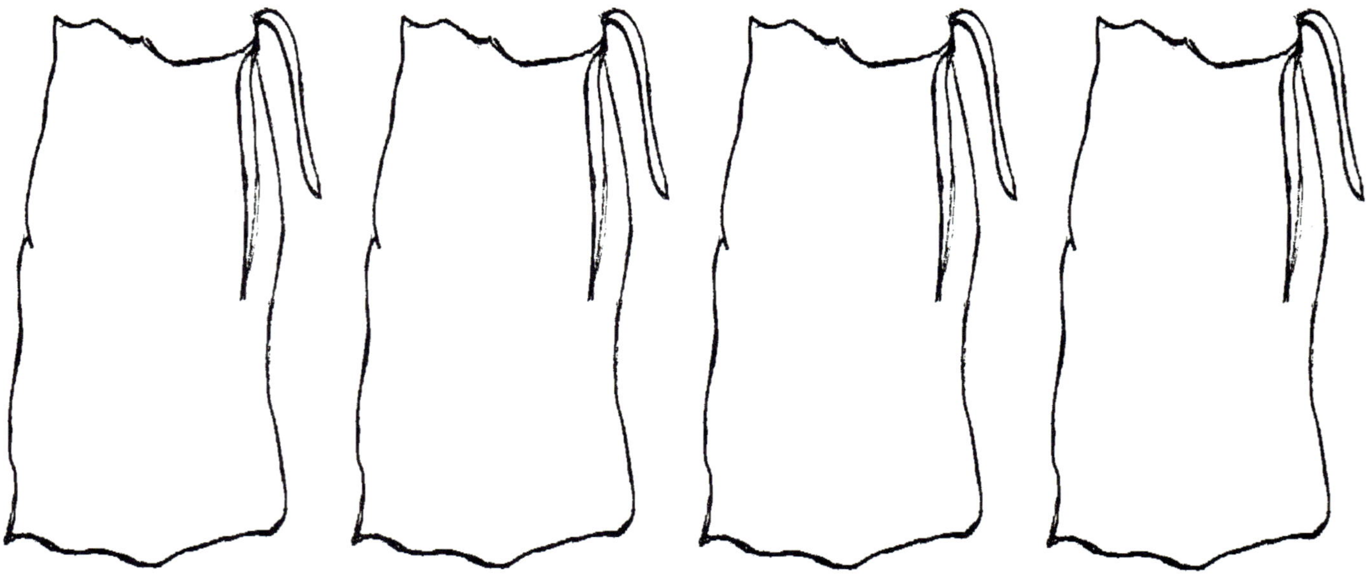

2 5 3 4

Male die Würfelbilder passend aus.

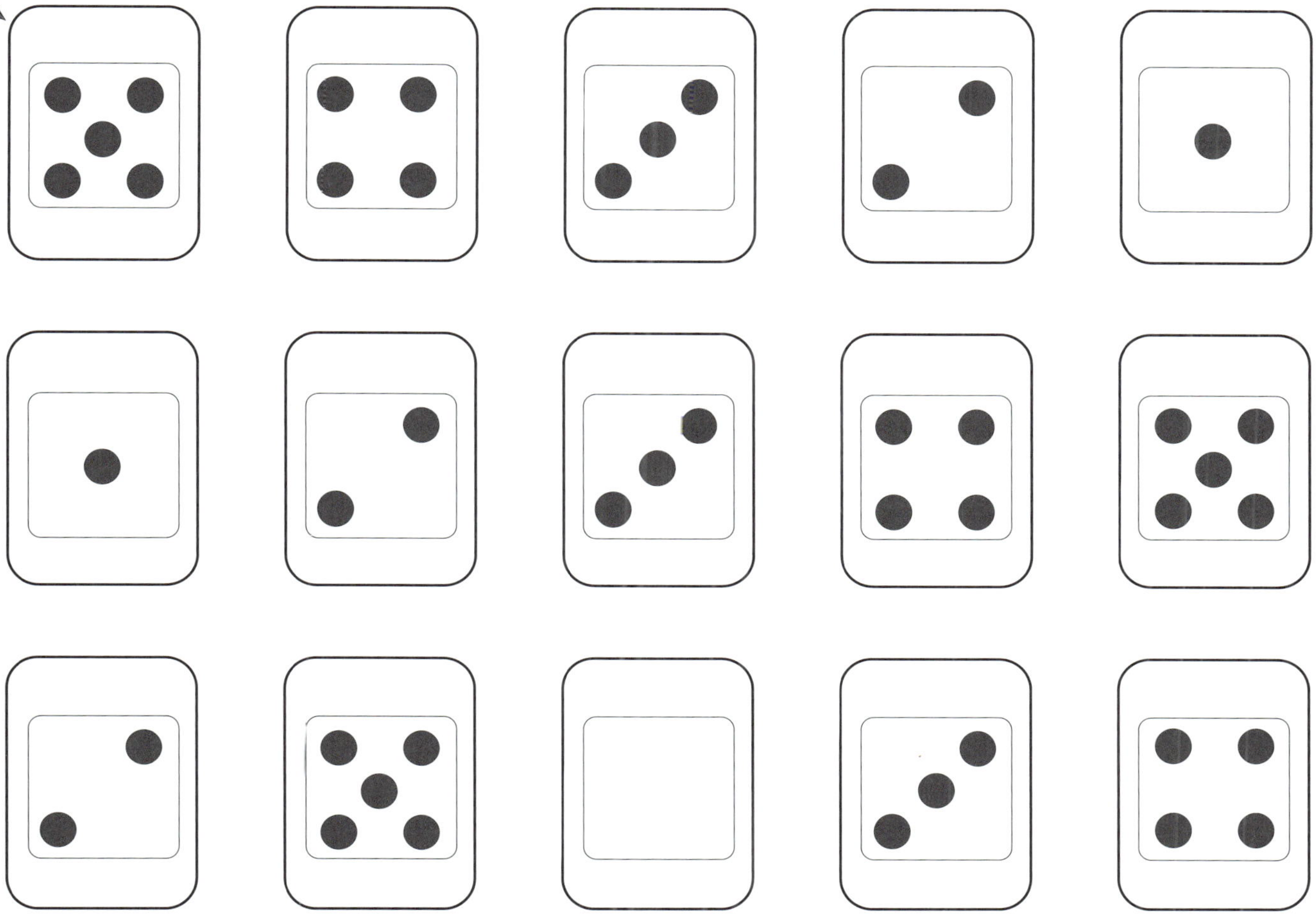

Male Würfelbild und passende Menge mit der gleichen Farbe an.

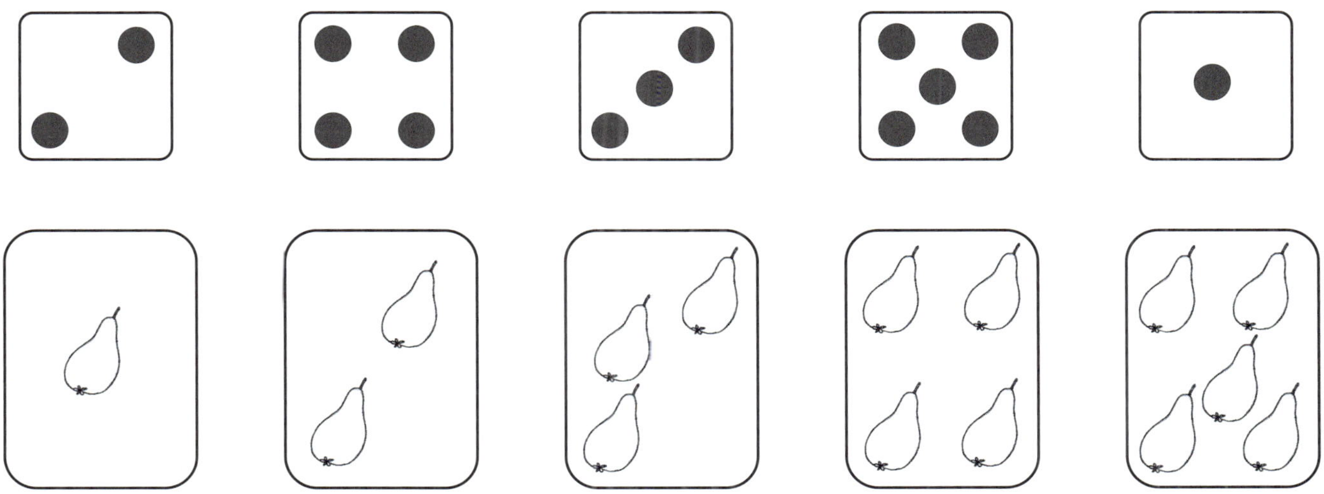

Welches Würfelbild passt? Male aus.

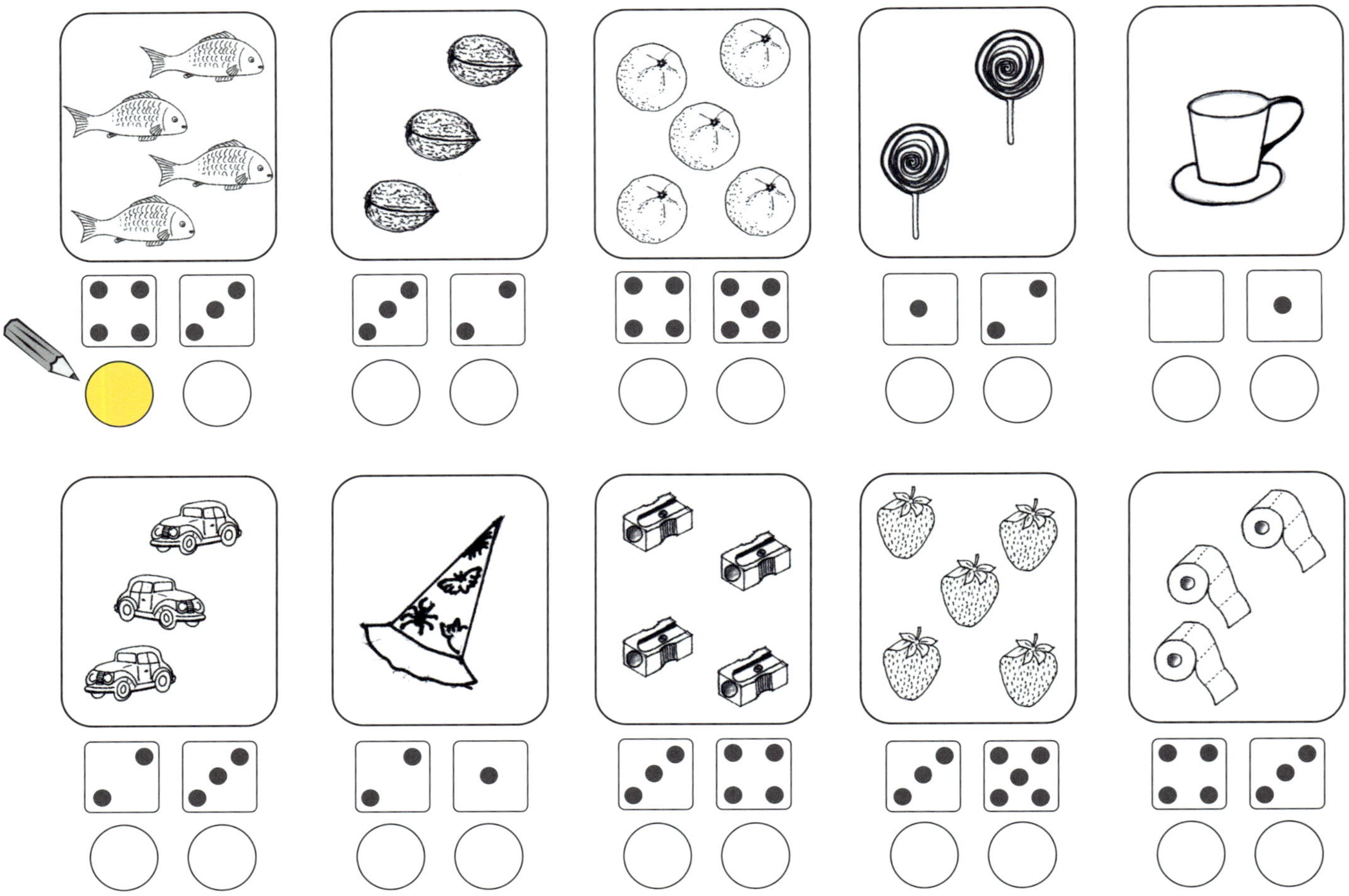

Male zur Zahl das passende Würfelbild.

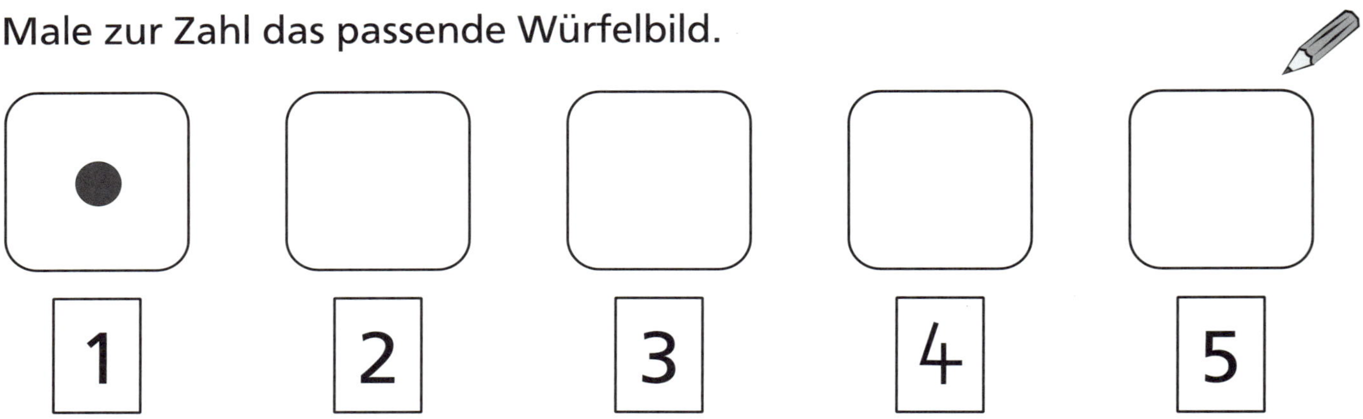

Wie geht´s weiter. Was fehlt? Male und schreibe auf.

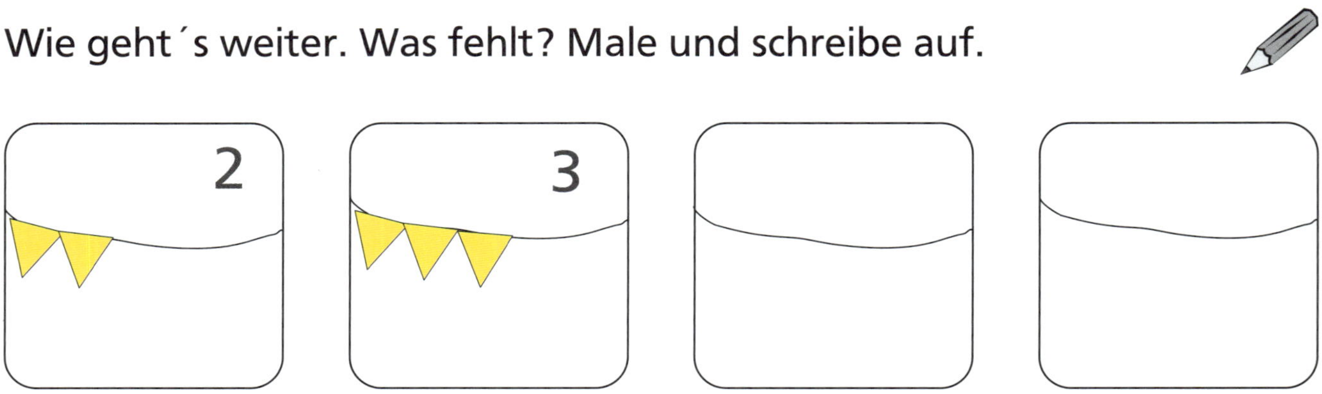

Male so viele Kreise an.

2	○	○	○	○	○
5	○	○	○	○	○

3	○	○	○	○	○
4	○	○	○	○	○

Schreibe die passende Zahl.

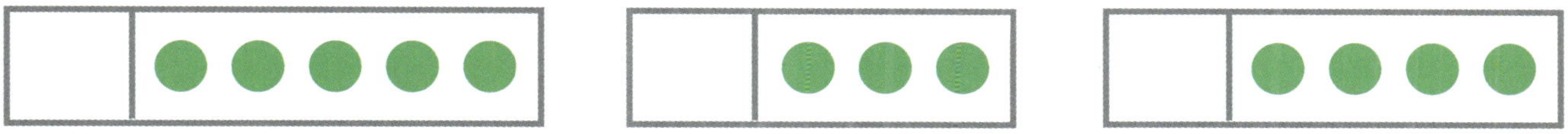

Streiche aus - oder male dazu.

2 4 5 3

Welches Würfelbild passt? Verbinde.

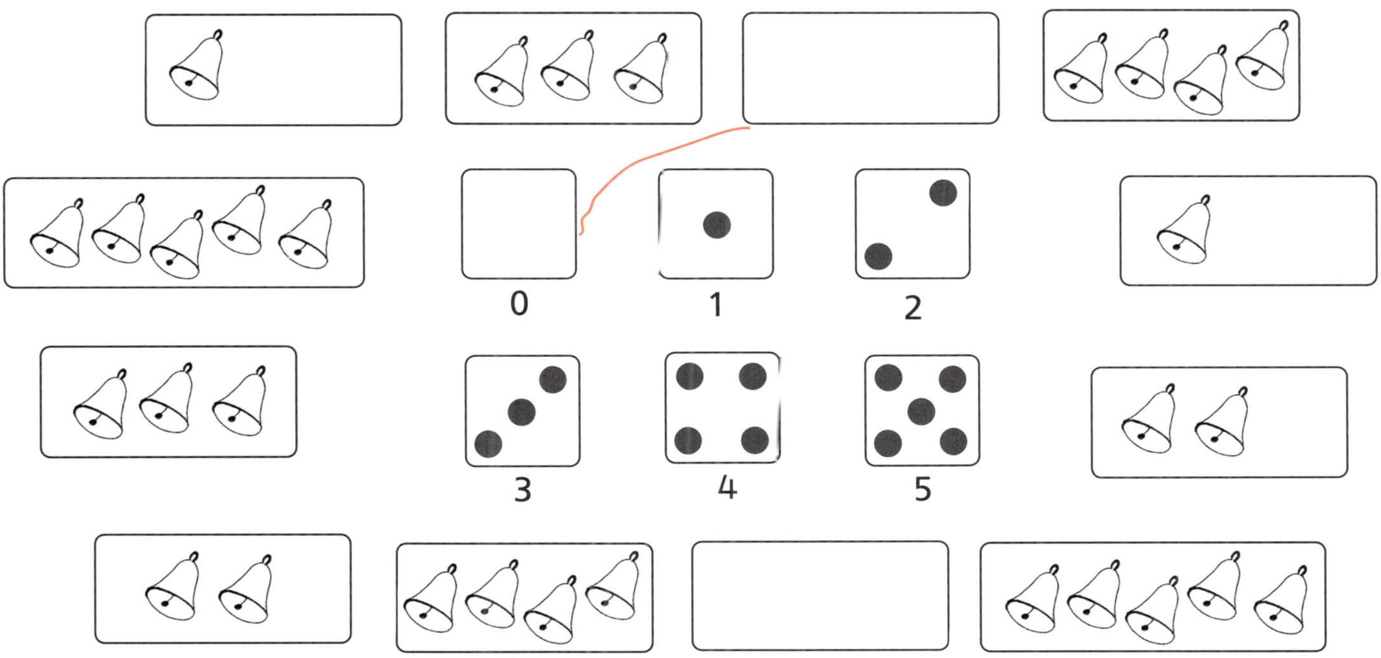

Male so viele dazu, dass es gleich viele sind.

Male so viele dazu, dass es gleich viele sind.

Möglichkeit/ Differenzierung: Über Striche 1 zu 1 - zuordnen.

Male so, dass es gleich viele sind.

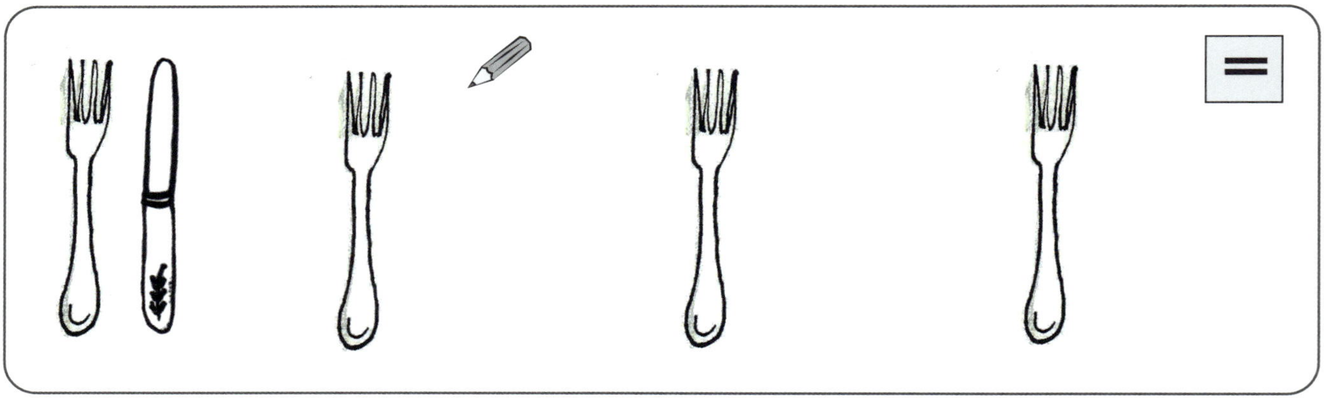

Klebe so, dass es gleich viele sind.

=

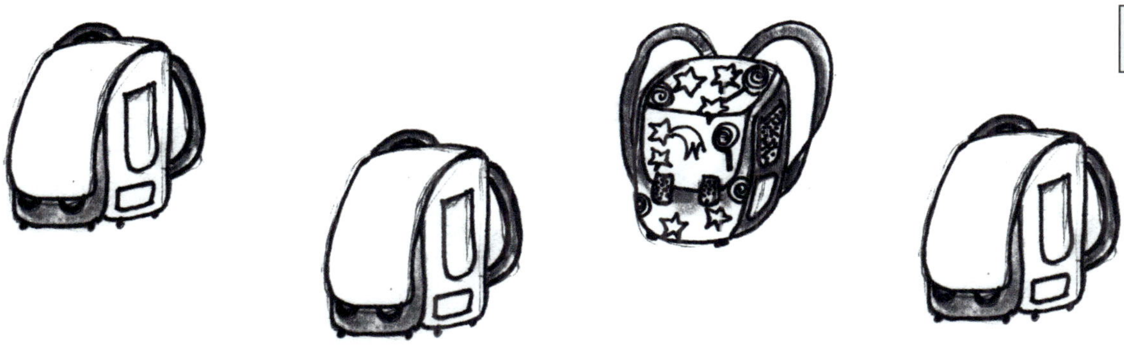

=

=

Verbinde. Gleich viele oder nicht gleich vele?

?

Einführung / Übung zur 1-1-Zuordnung. Begrifflichkeiten: „Gleich viele“, „mehr“, „weniger“, „nicht gleich viele“...

Verbinde. Gleich viele oder nicht gleich viele?

Verbinde. Gleich viele?

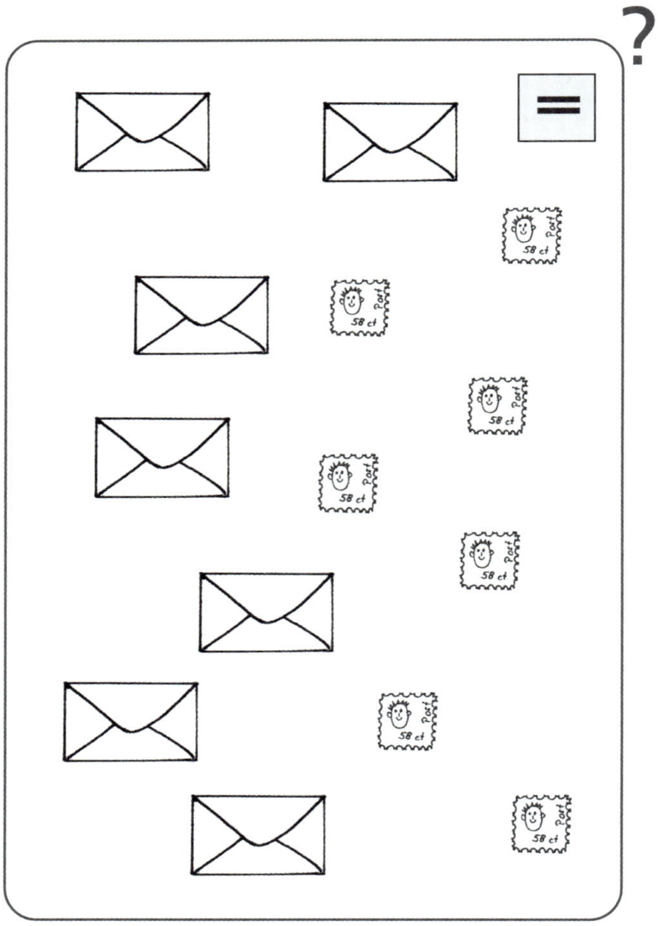

Finde heraus. Mehr oder weniger? Male das passende Gesicht.

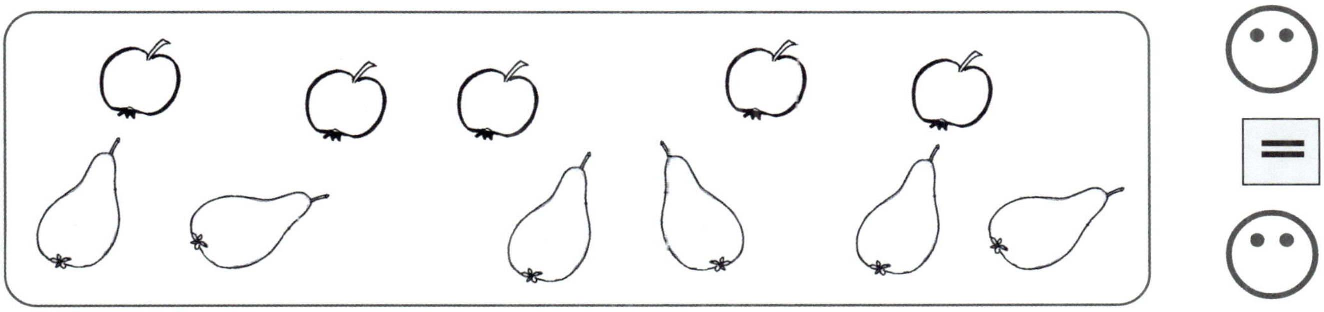

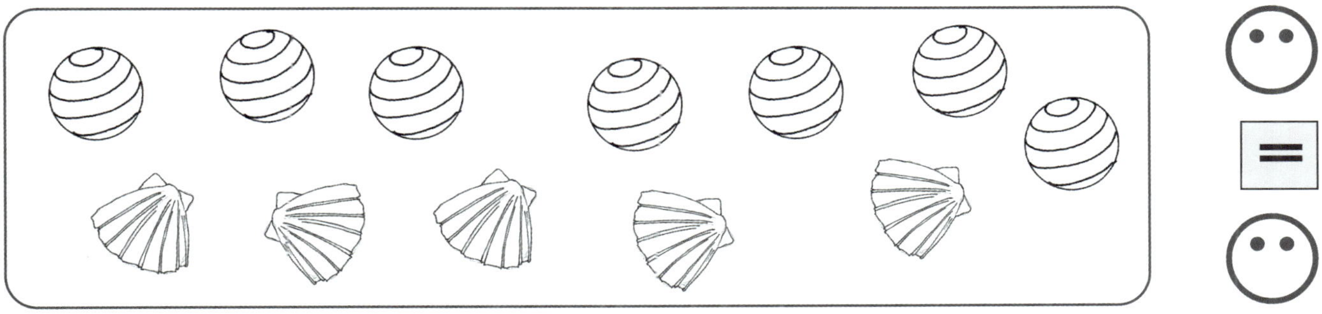

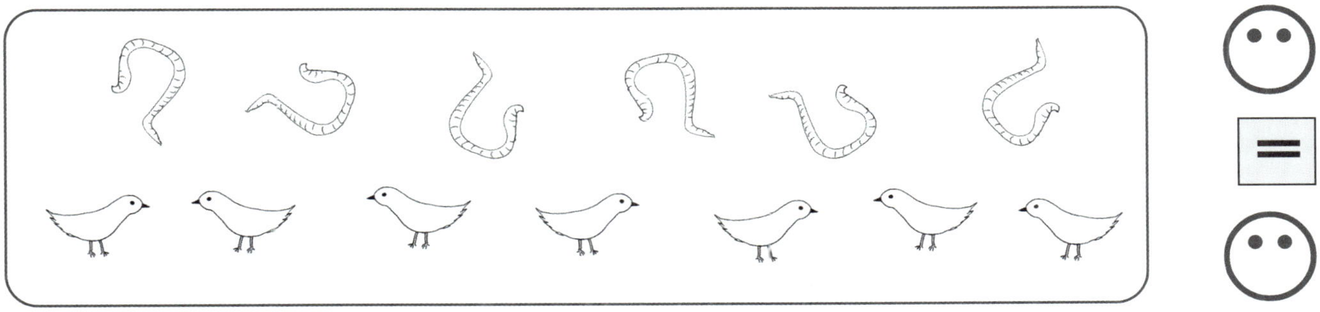

Einführung der Smileys (lachendes Gesicht, trauriges Gesicht); Begrifflichkeiten: „Mehr“, „weniger“

Mehr? Weniger?

Erster Anzahlvergleich am Würfelbild.

Mehr? Weniger?

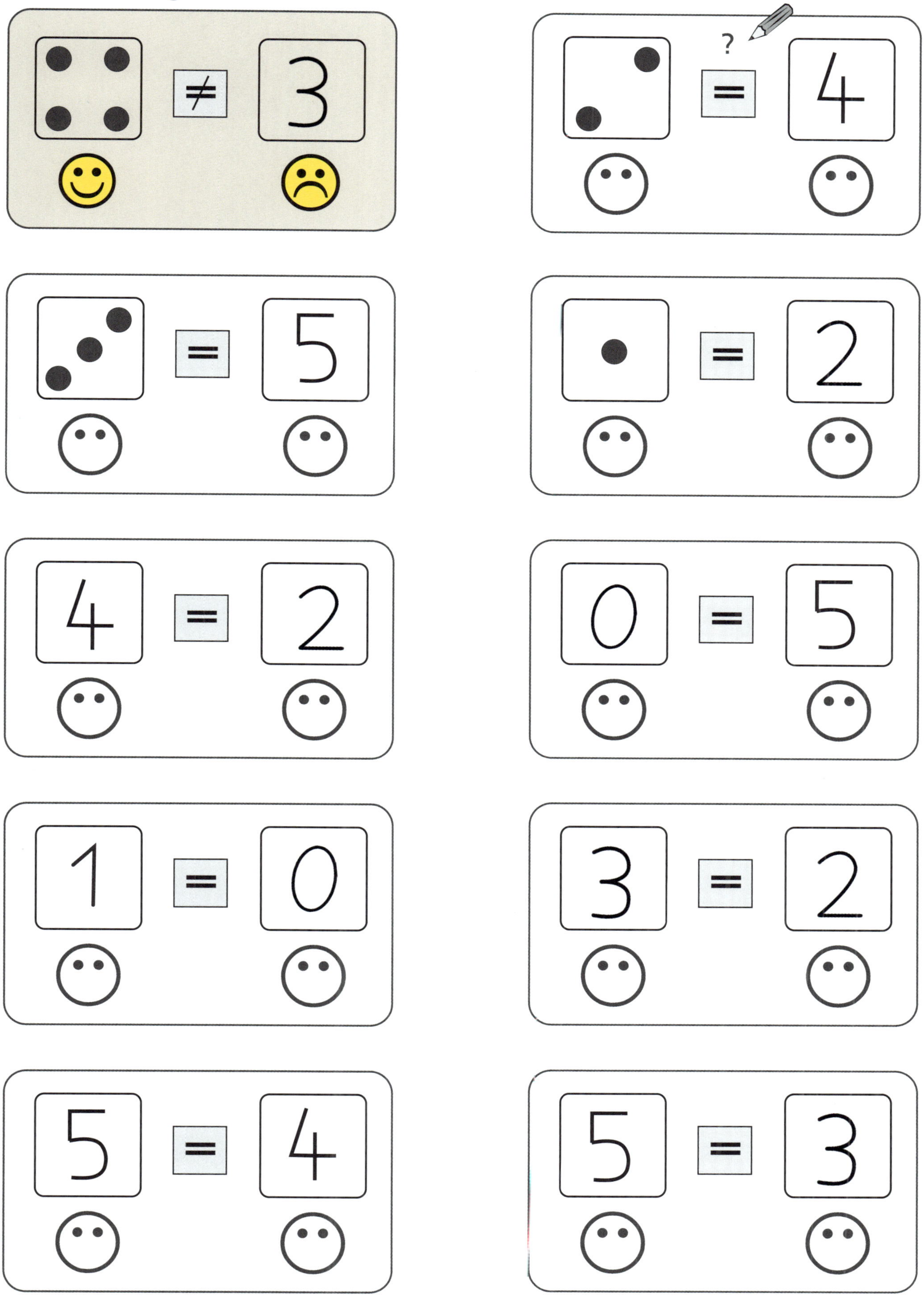

Gemischte Anforderungen. Ablösung der Würfelbilder durch Zahlen. Hilfestellung: Hefteinband (Innenseiten).

Male ein Würfelbild oder schreibe eine Zahl. Mehr? Weniger?

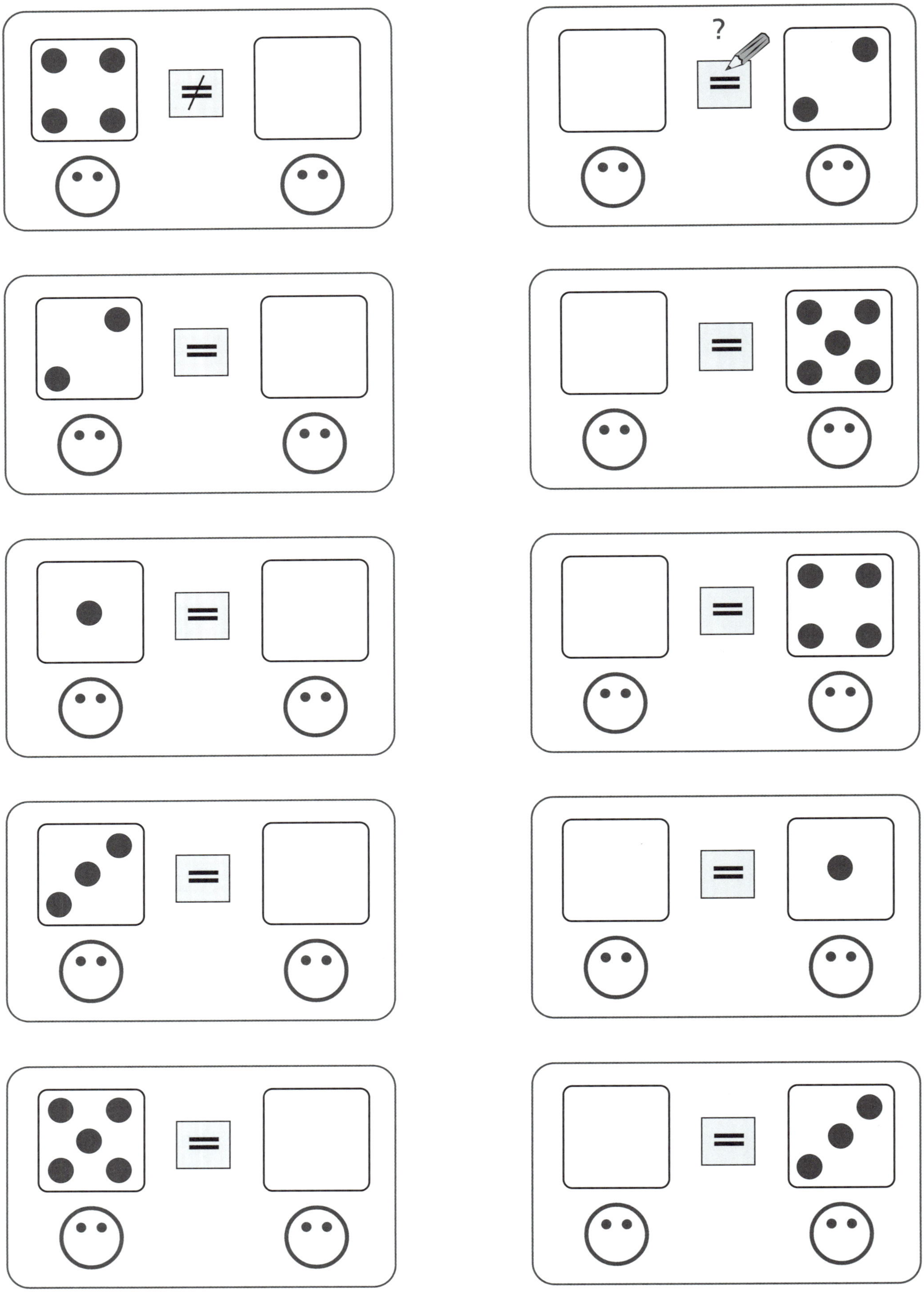

Möglichkeit der Binnendifferenzierung (auch Zahlen über 5 möglich). Würfelbilder malen => nur wenn der Vergleich über Zahlen noch nicht gelingt.

Gleich viele....

Nicht gleich viele...

Gleich viele oder nicht gleich viele? Male die Gesichter und das Zeichen.

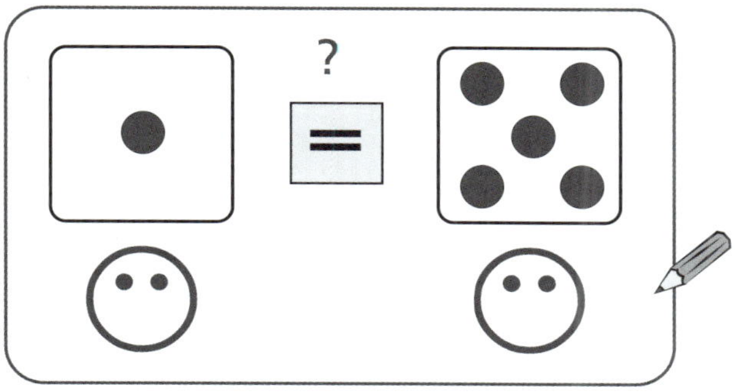

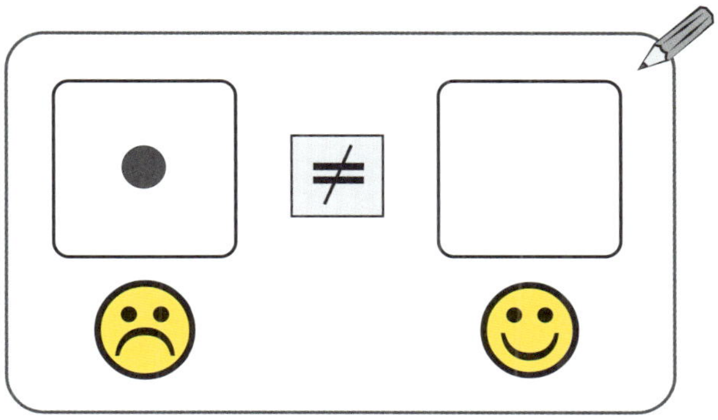

Feststellung des Vorwissens/Lernstand Vergleiche mit und ohne Anzahlen; Zeichen für „Gleich" und „Nicht gleich".

Fahre mit verschiedenen Farben nach.

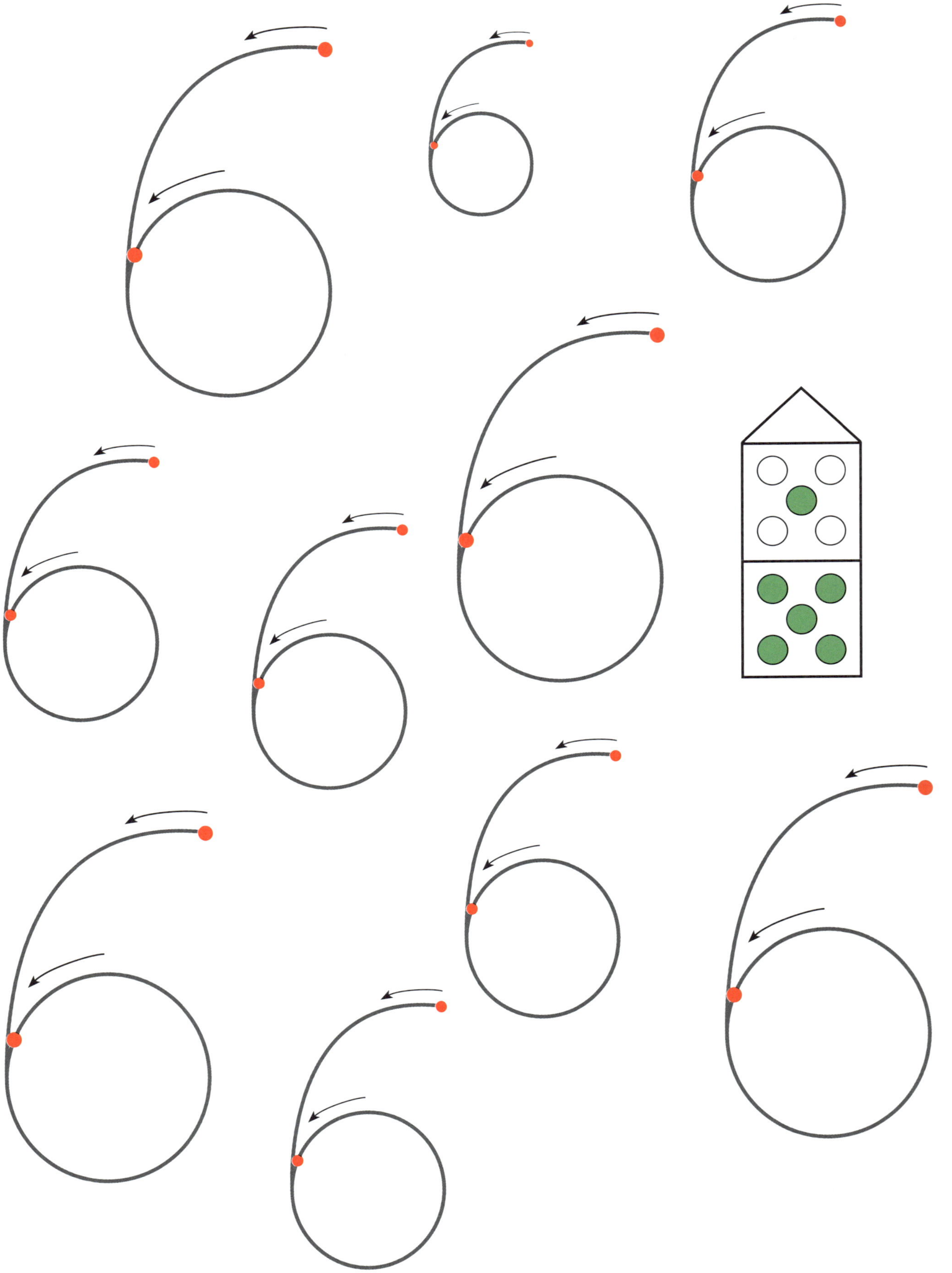

Male weiter an.

Wovon gibt es genau 6? Male an.

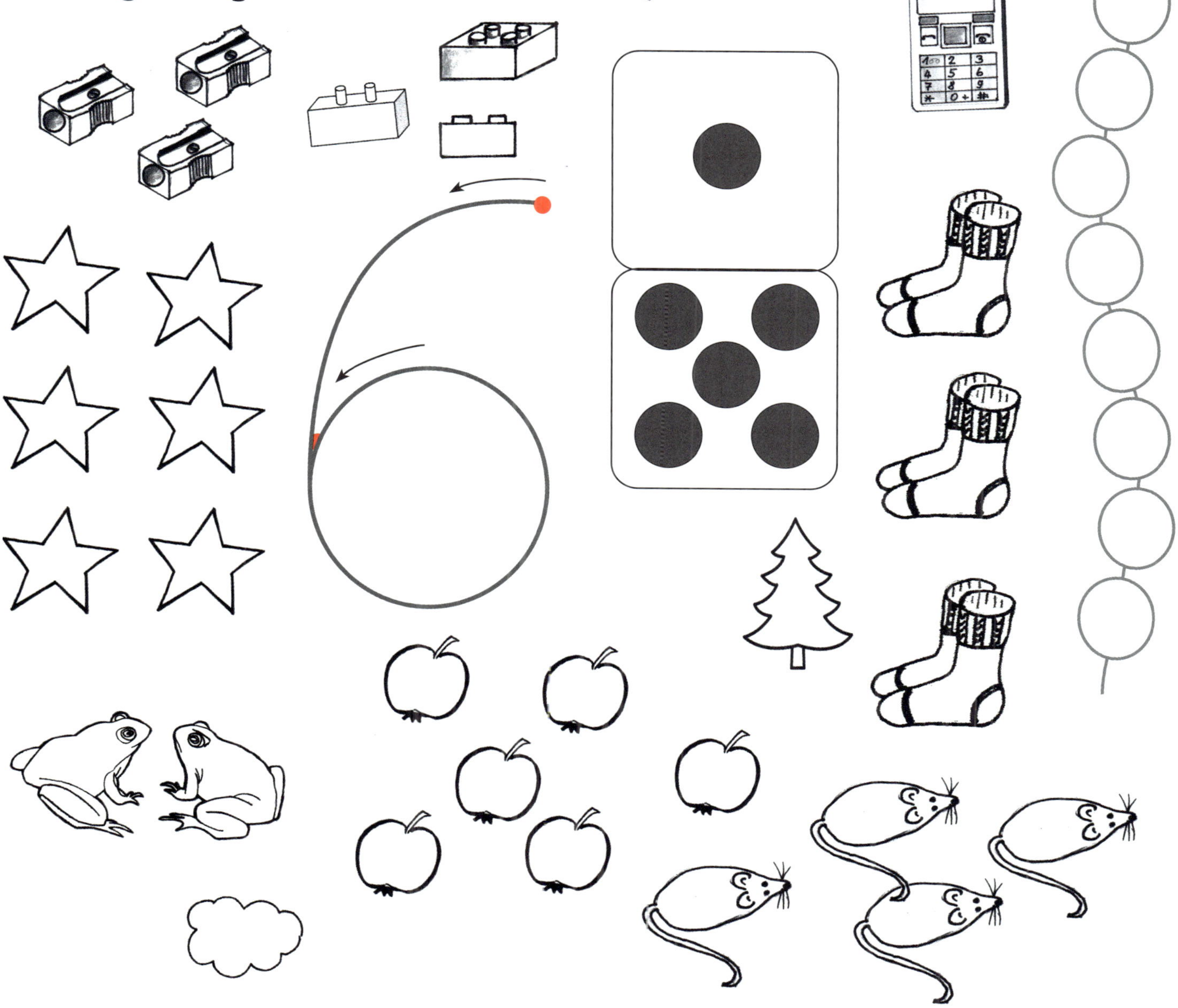

Schreibe nach.

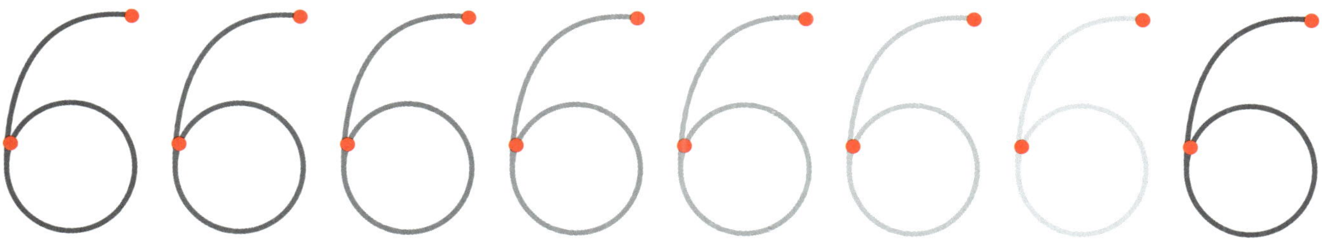

Schneide aus einem Katalog 6 gleiche Dinge aus.
Klebe auf.

6

Finde die Ziffer 6 und kreise sie ein.

2 7 6 2 6 5 6 6 5
5 9 4 6 3 5 9 2 4
6 2 1 5 2 6 6 3 2

Schreibe nach.

6 6 6 6 6 6 6 6 6 6

6 6 6 6 6 6 6 6 6 6

Alternativ zur ersten Übung: Sechs gleiche Gegenstände malen.

Finde die Ziffer 6 und male sie an!

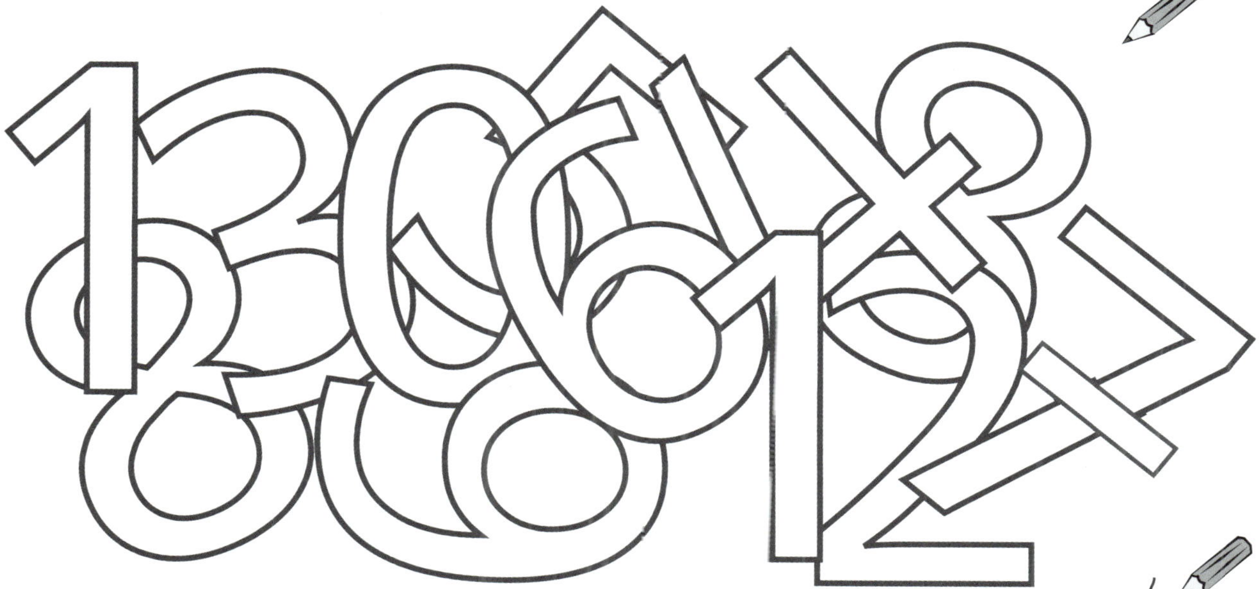

Kreise immer 6 Dinge ein.

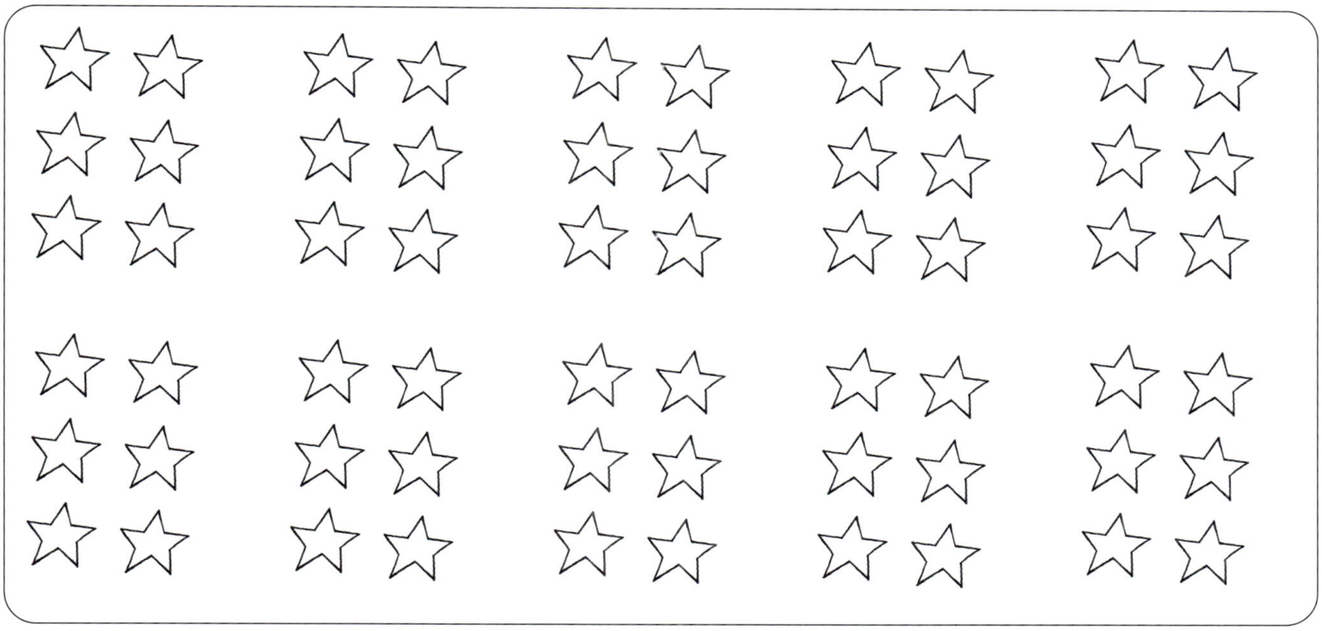

Schreibe nach.

Immer 6. Streiche aus oder male dazu.

Wie geht es weiter? Male.

4

5

Schreibe.

6

Fahre mit verschiedenen Farben nach.

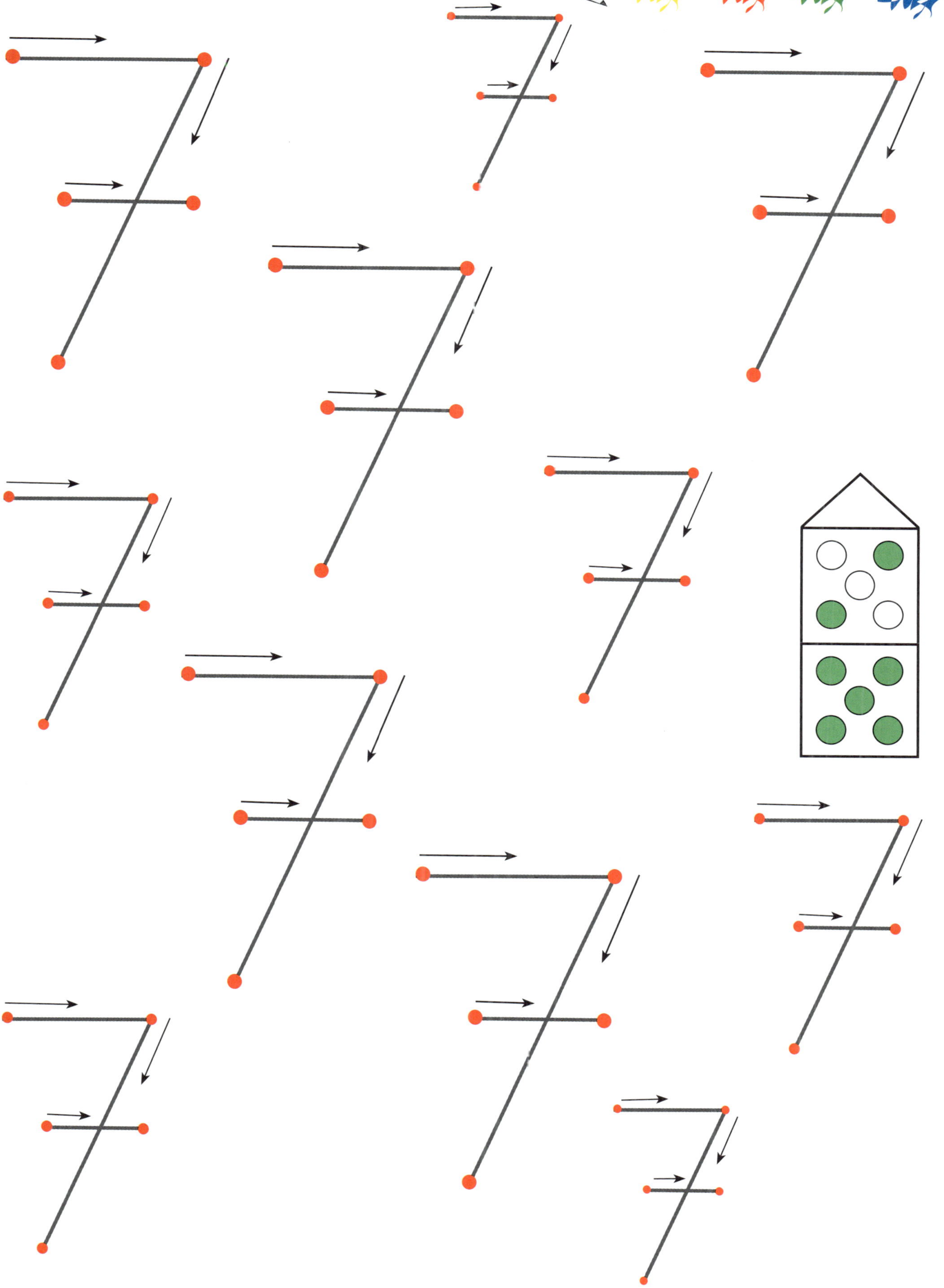

Male weiter an.

Wovon gibt es genau 7? Male an.

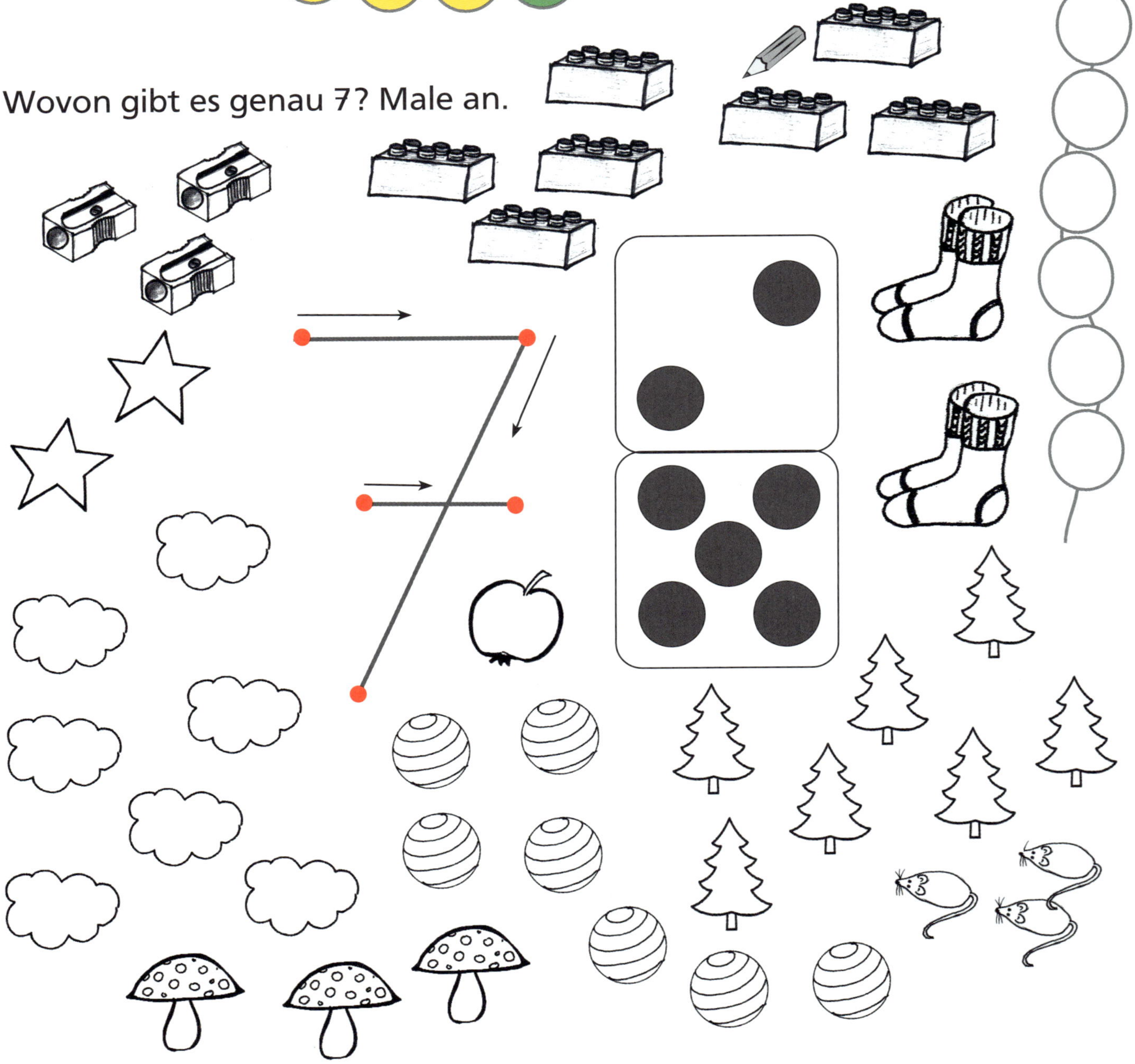

Schreibe nach.

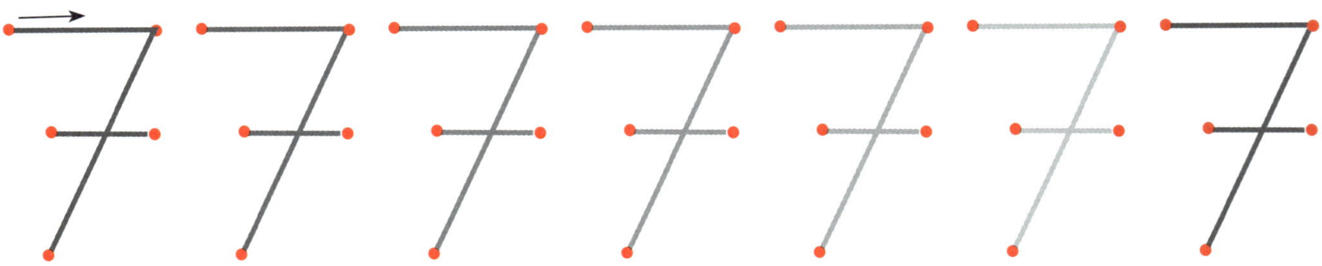

Schneide aus einem Katalog 7 gleiche Dinge aus. Klebe auf.

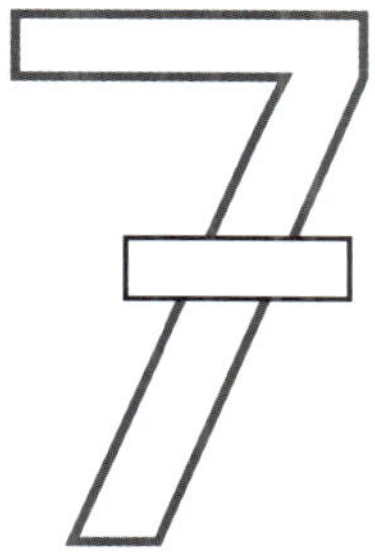

Finde die Ziffer 7 und kreise sie ein.

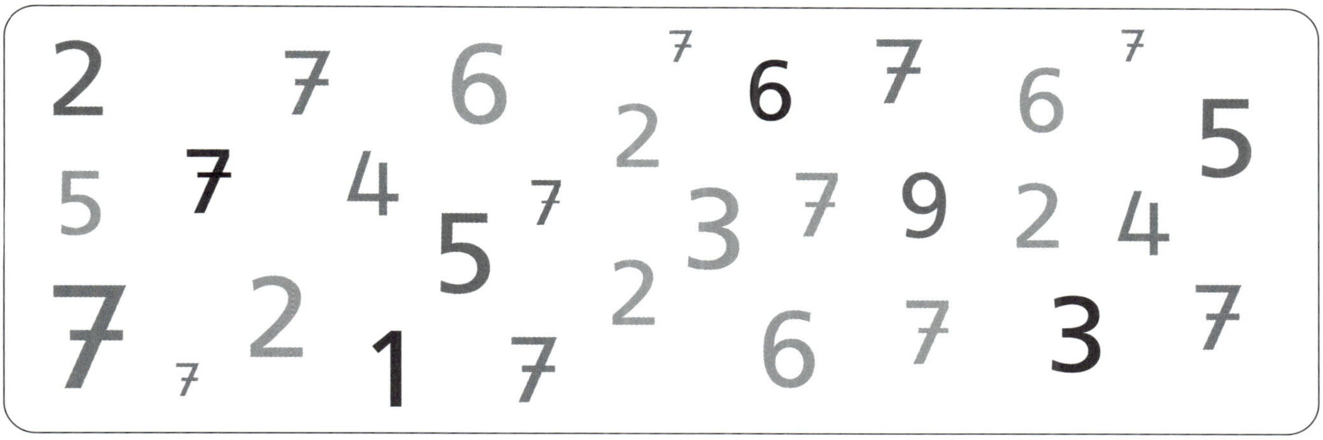

Schreibe nach.

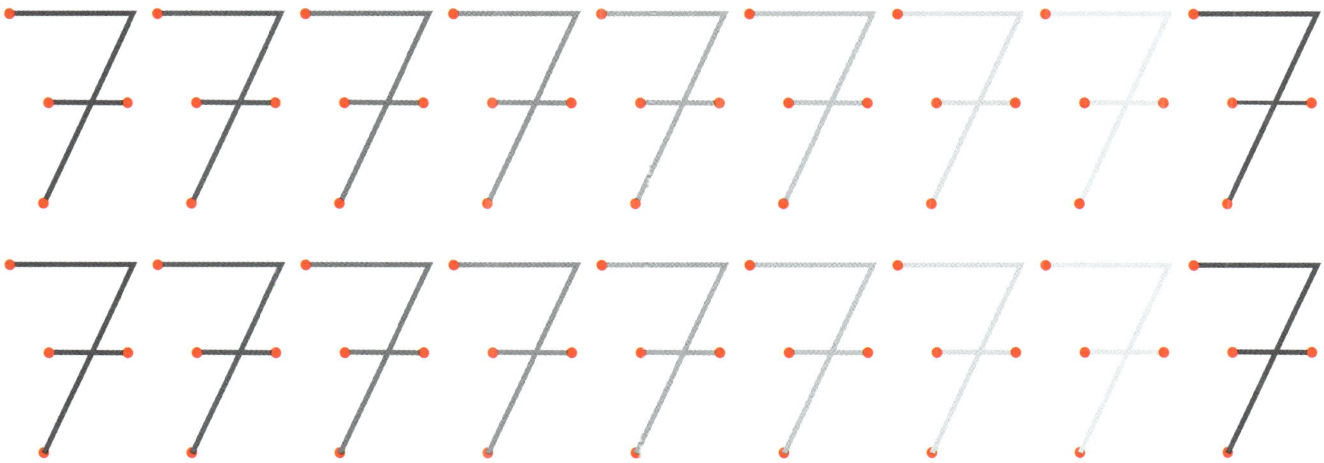

Alternativ zur ersten Übung: Sieben gleiche Gegenstände malen.

Finde die Ziffer 7 und male sie an!

Kreise immer 7 Dinge ein.

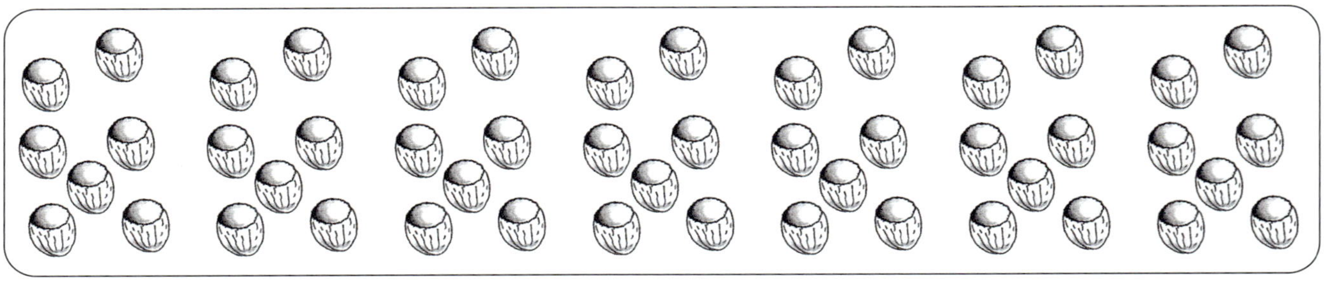

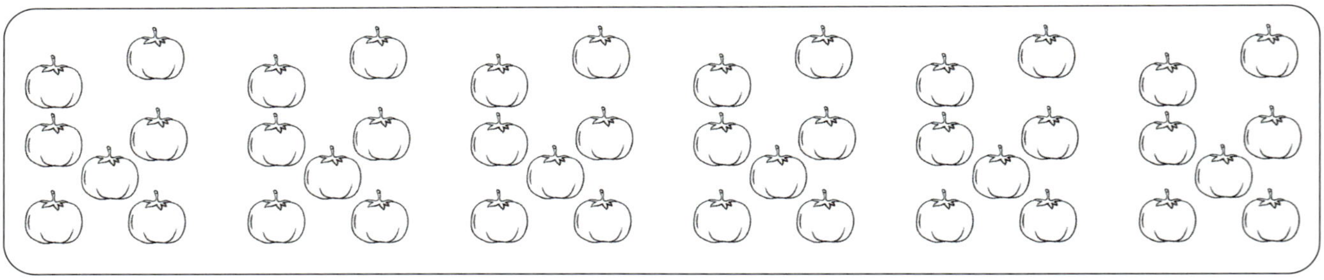

Schreibe nach.

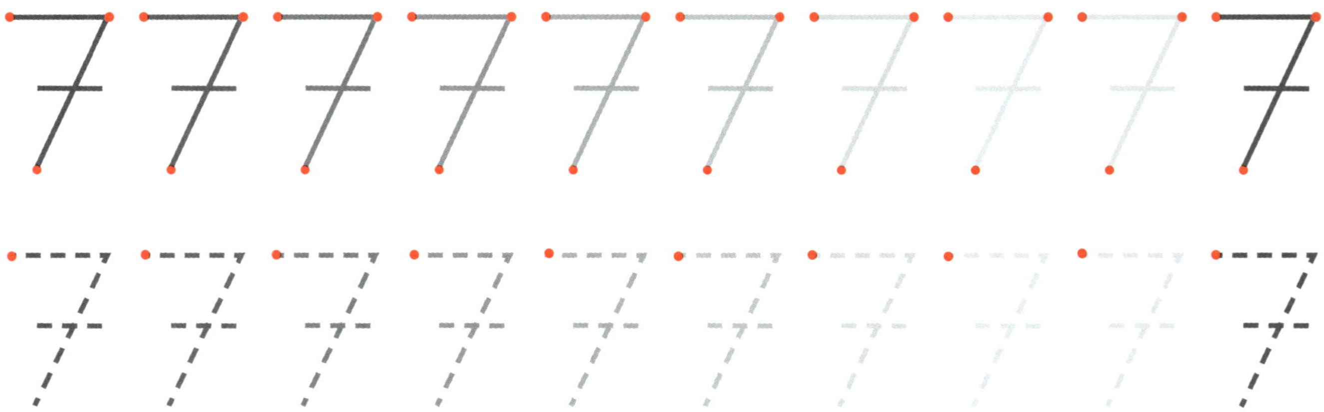

Immer 7. Streiche aus oder male dazu.

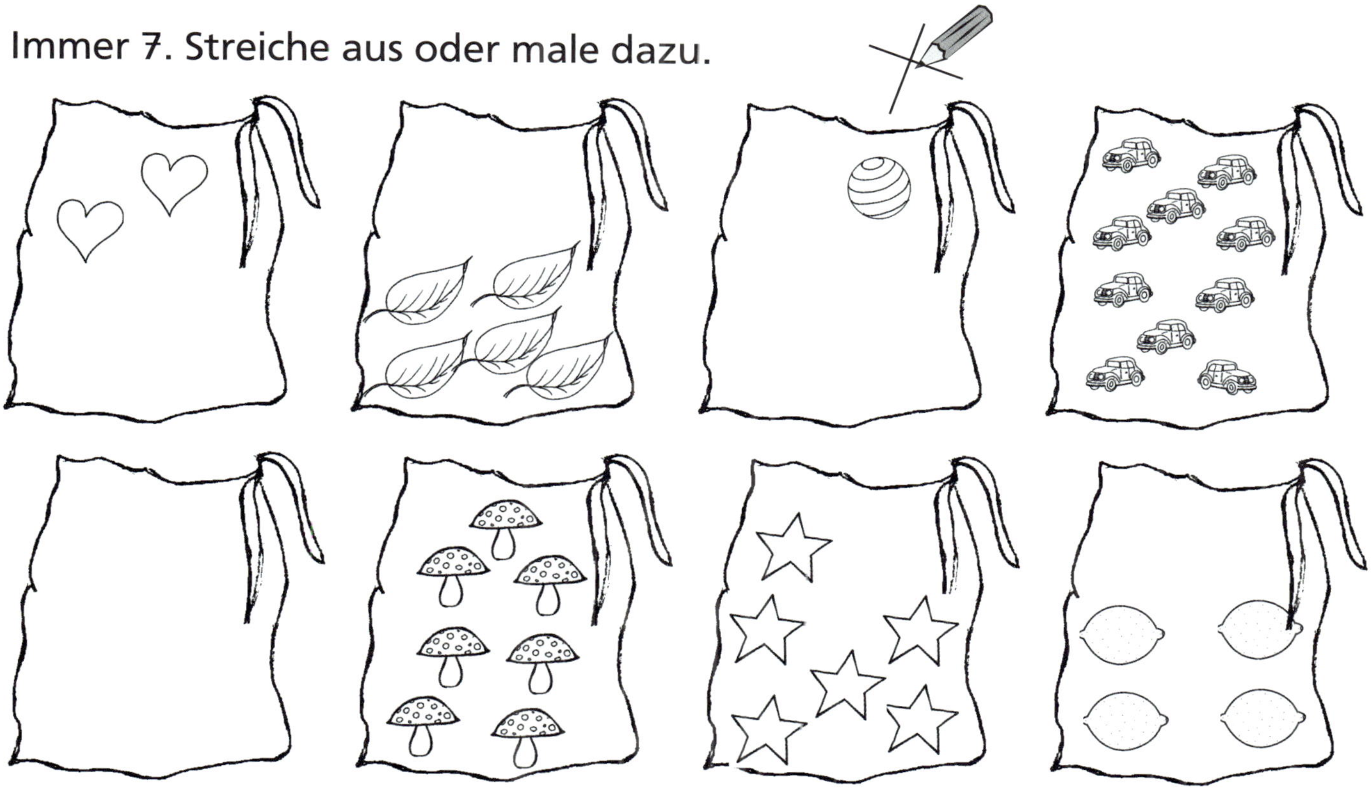

Wie geht es weiter? Male.

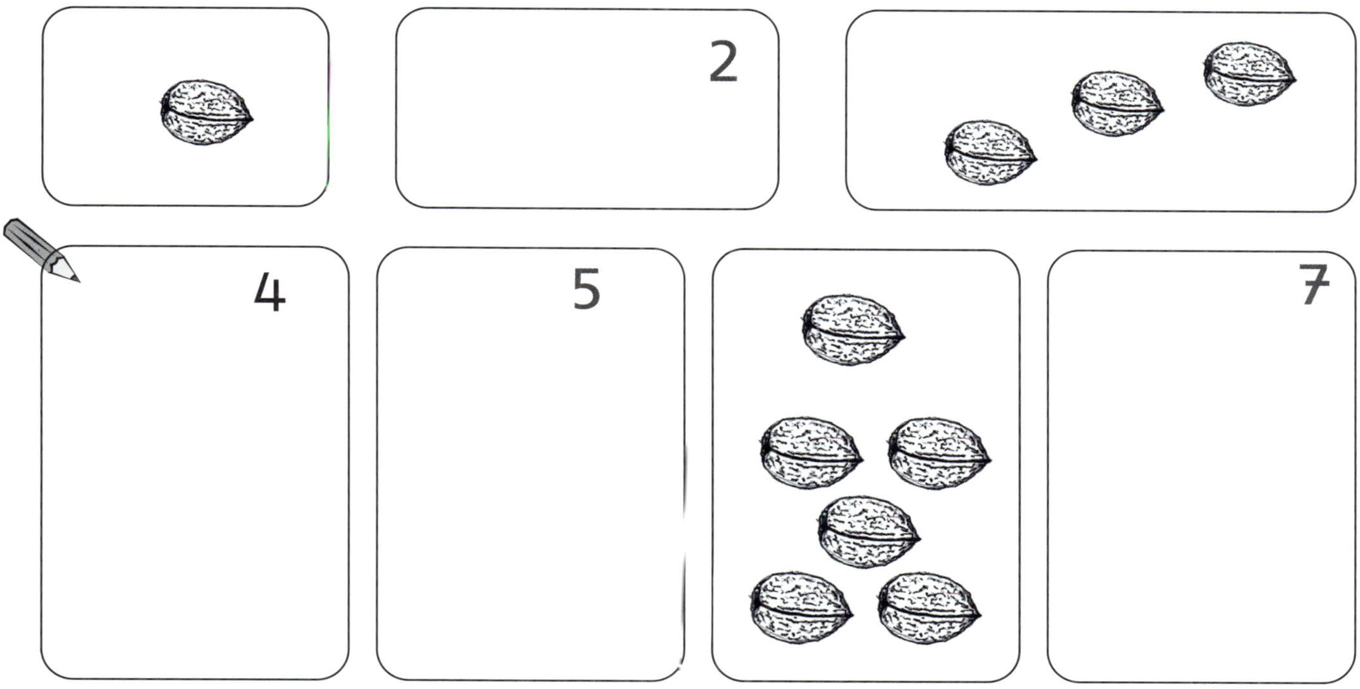

Schreibe.

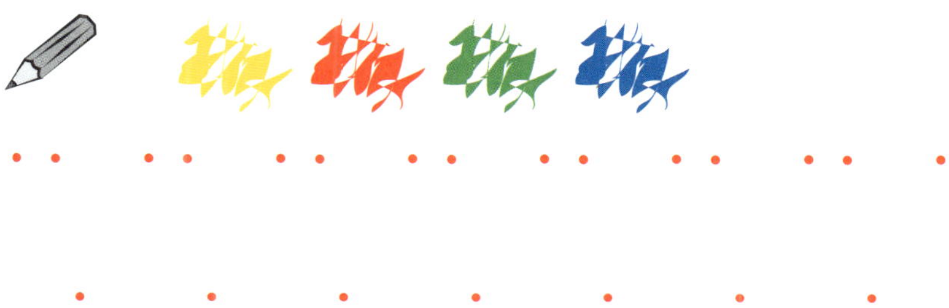

Fahre mit verschiedenen Farben nach.

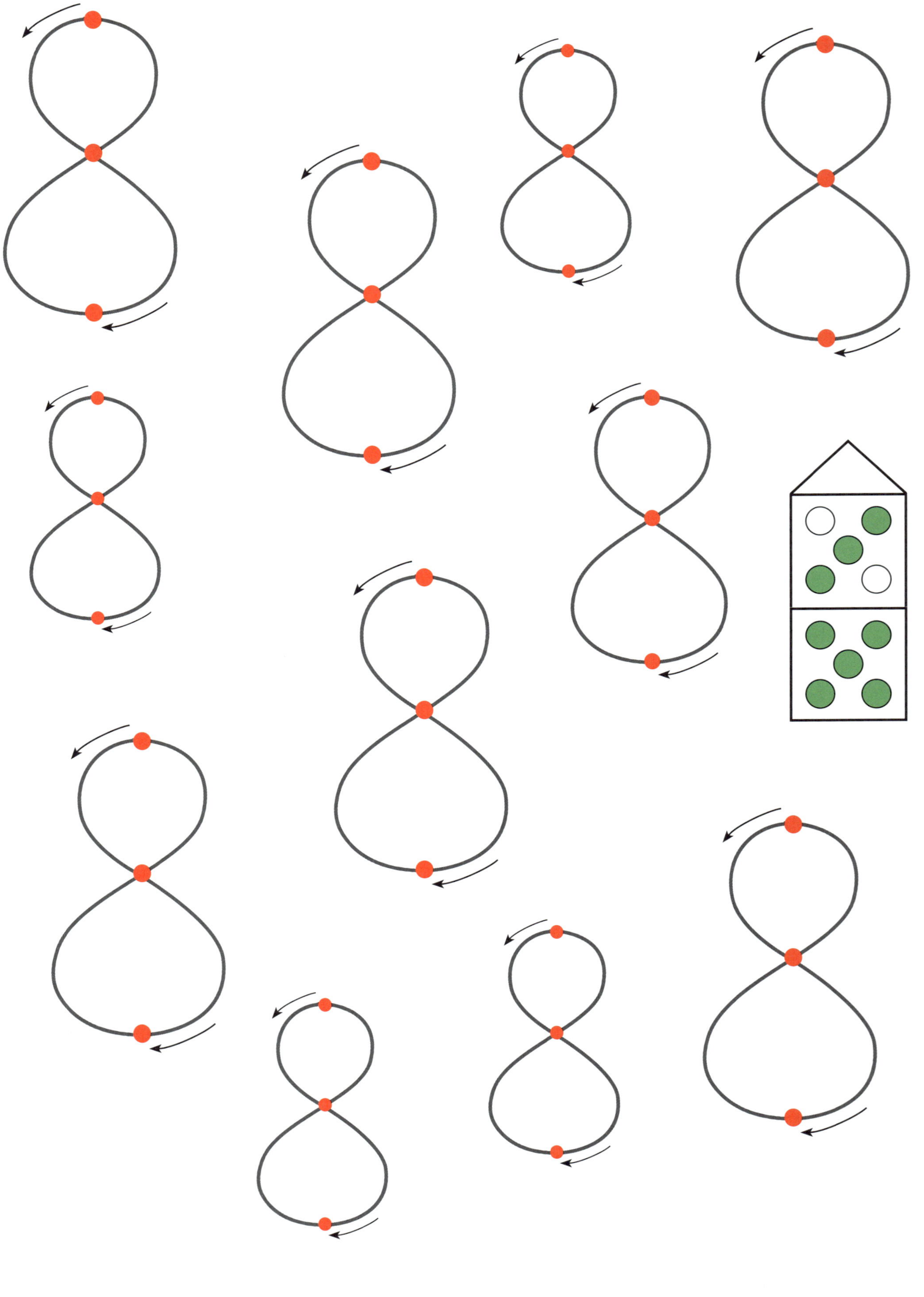

Male weiter an.

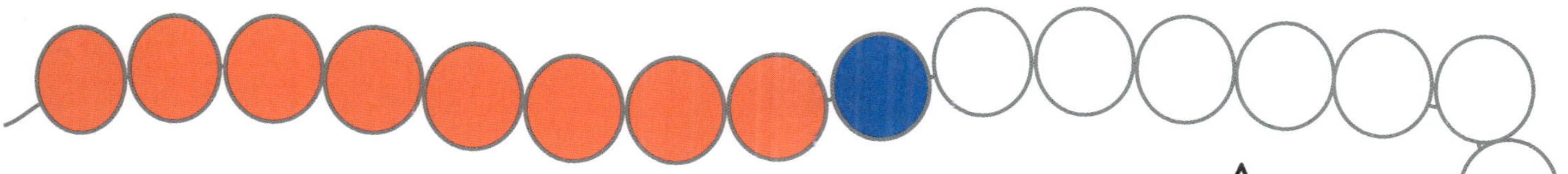

Wovon gibt es genau 8? Male an.

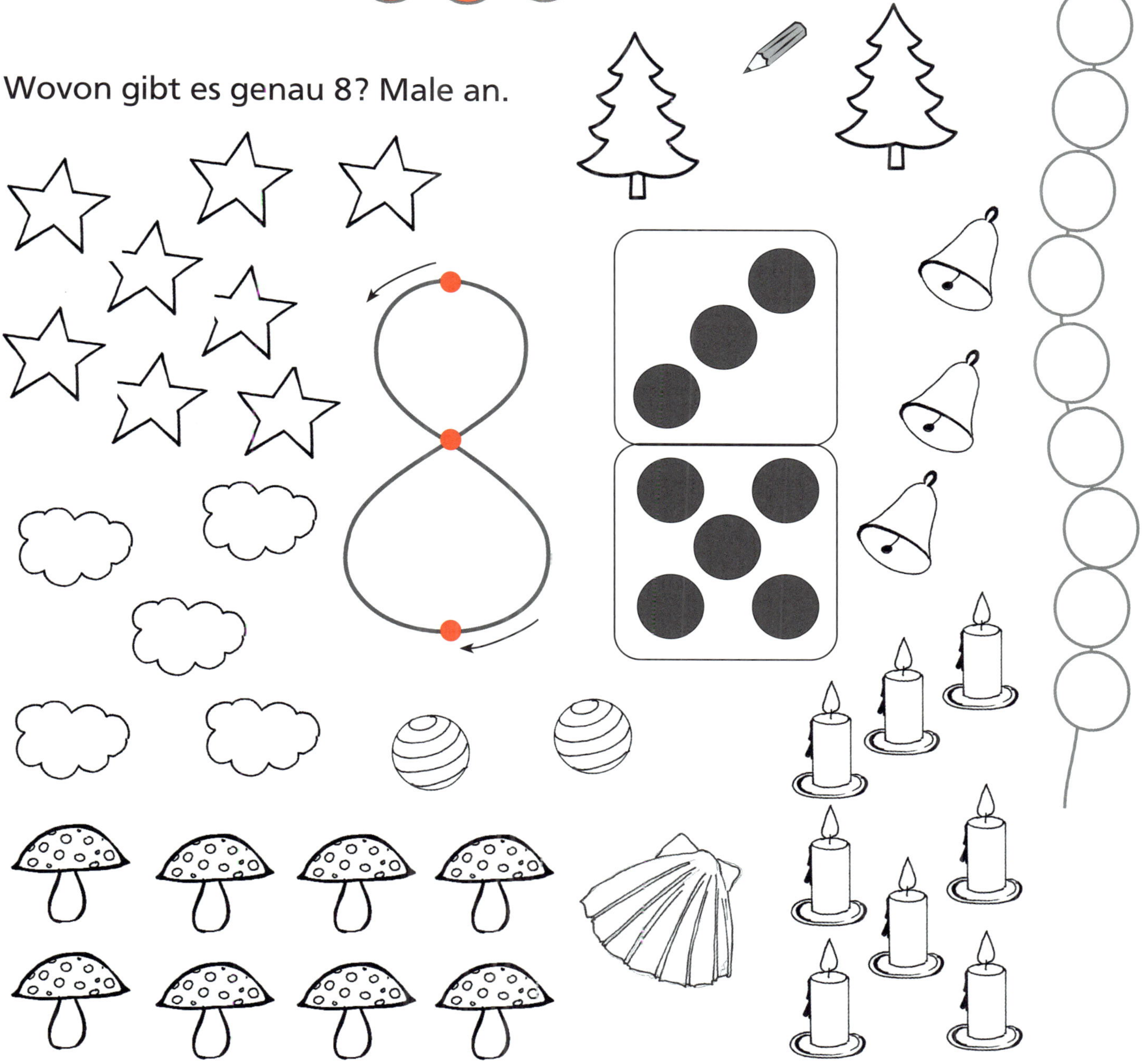

Schreibe nach.

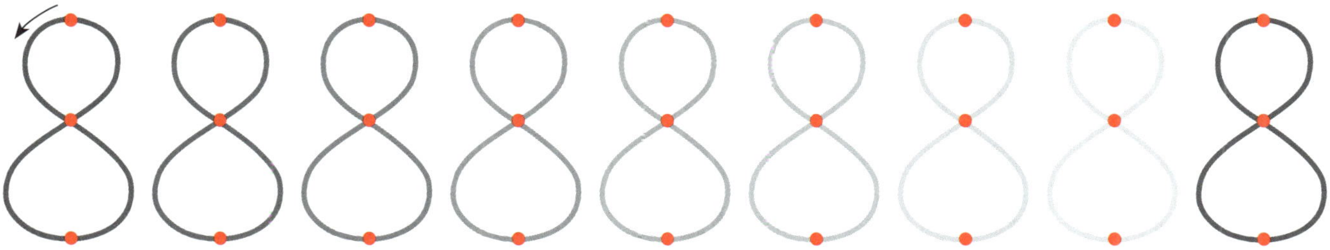

Schneide aus einem Katalog 8 gleiche Dinge aus. Klebe auf.

8

Finde die Ziffer 8 und kreise sie ein.

8 7 6 7 8 6 7 8 9 5

5 7 8 4 8 5 3 8 9 2 4 8

8 9 2 1 7 2 8 6 7 8 8

Schreibe nach.

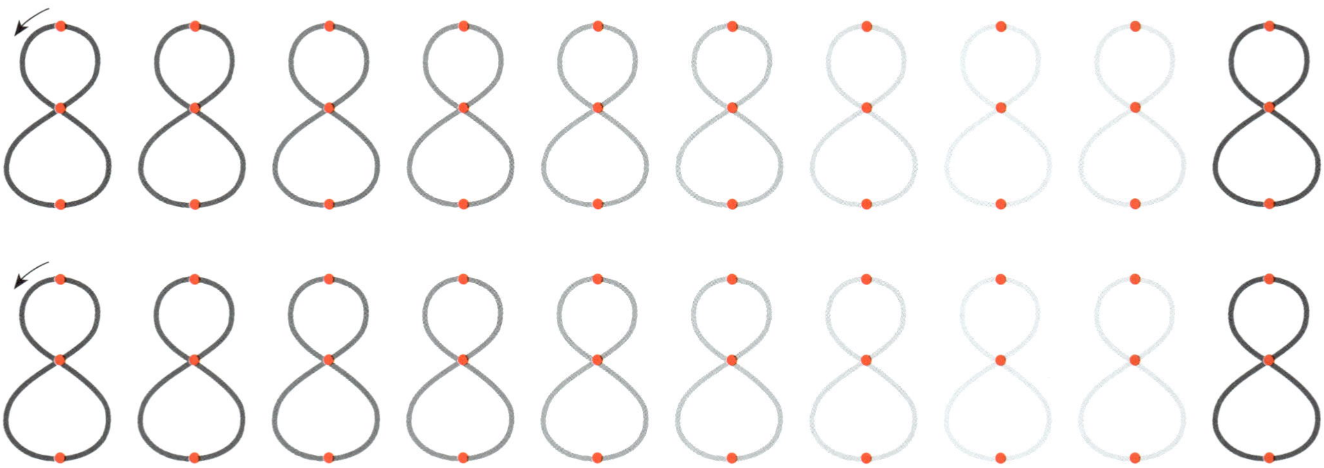

Alternativ zur ersten Übung: Acht gleiche Gegenstände malen.

Finde die Ziffer 8 und male sie an!

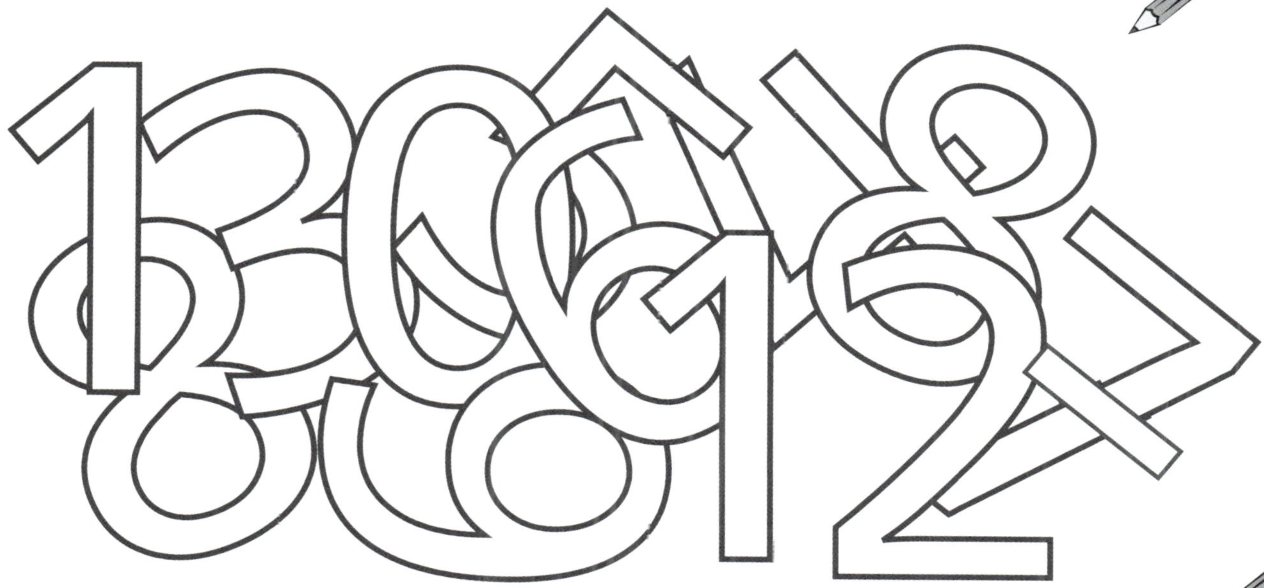

Kreise immer 8 Dinge ein.

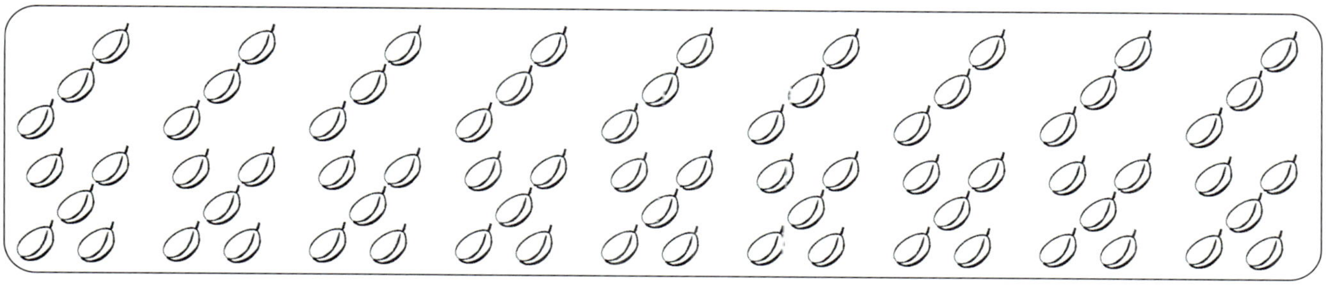

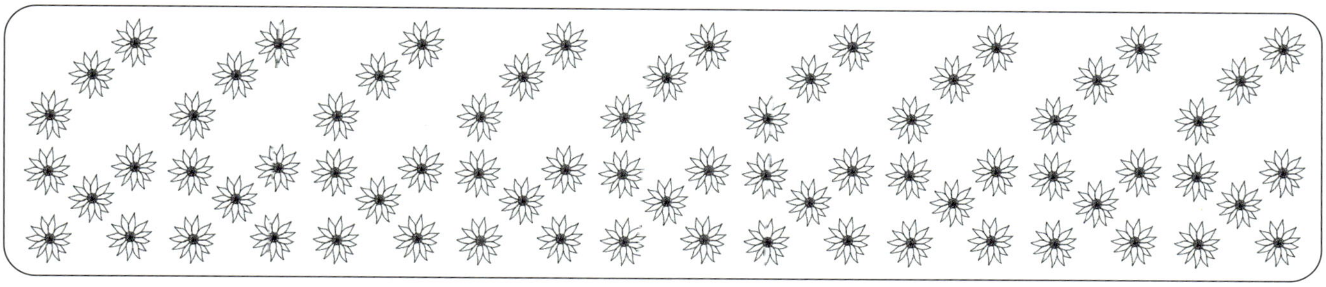

Schreibe nach.

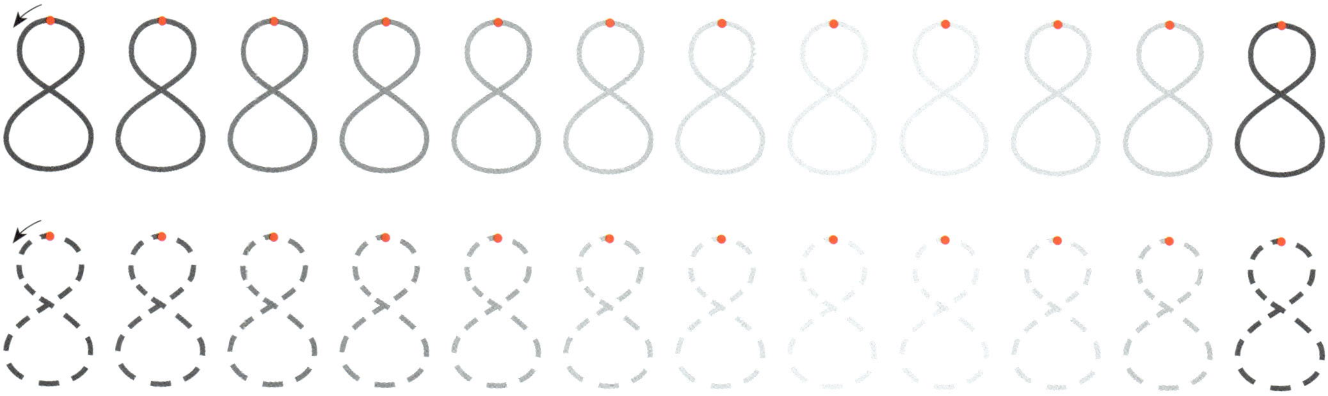

Immer 8. Streiche aus oder male dazu.

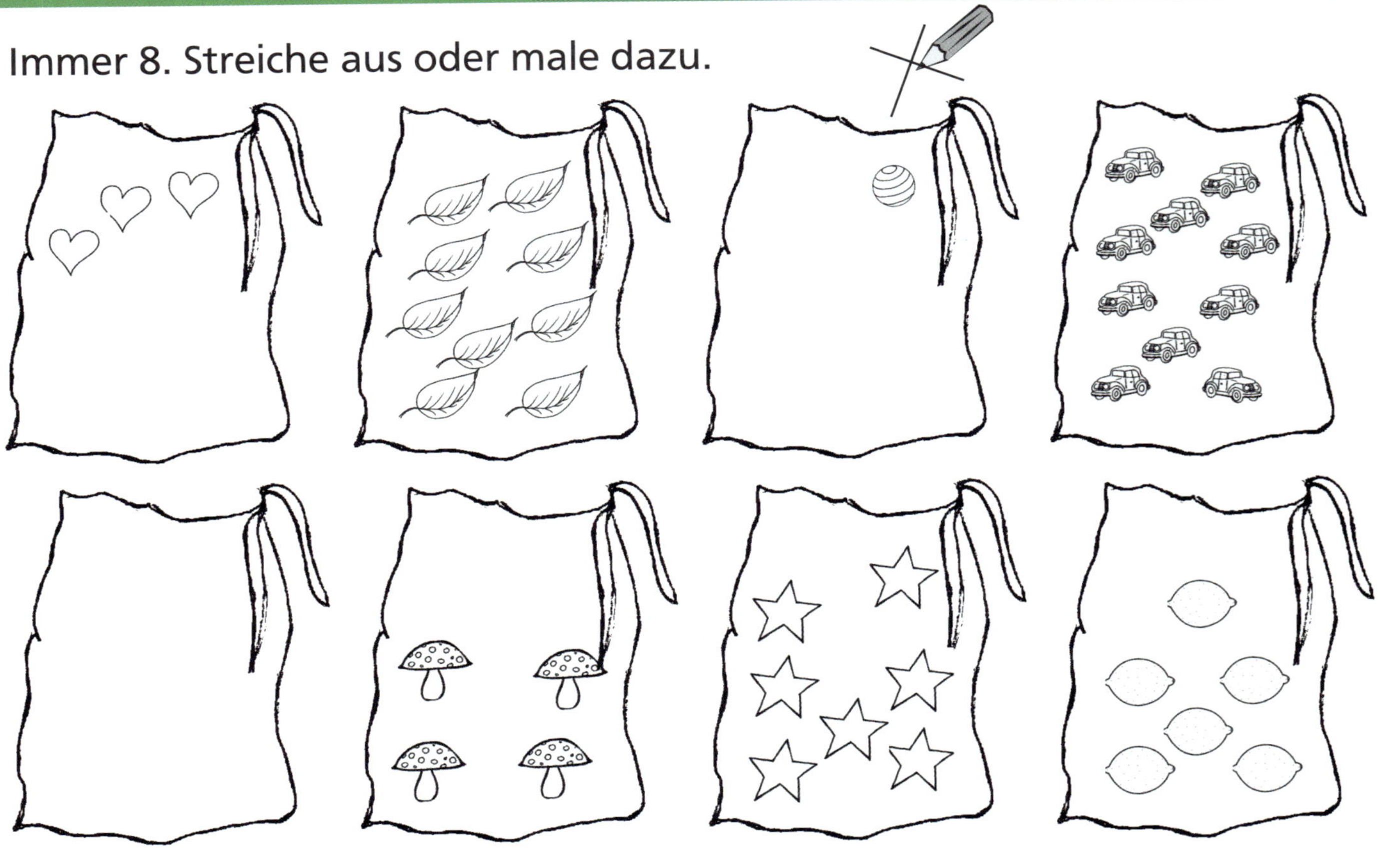

Wie geht es weiter? Male.

Schreibe.

Fahre mit verschiedenen Farben nach.

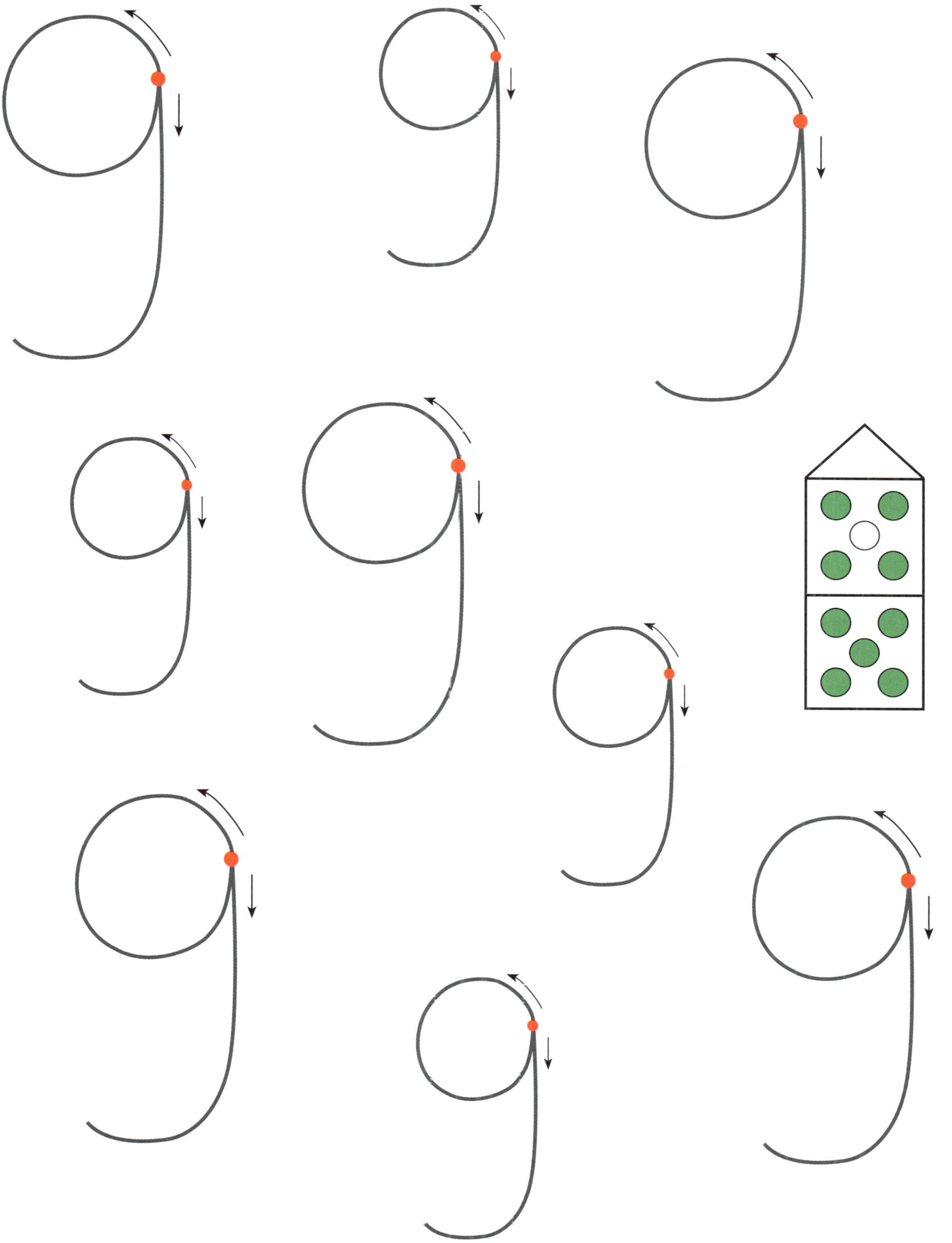

Male weiter an.

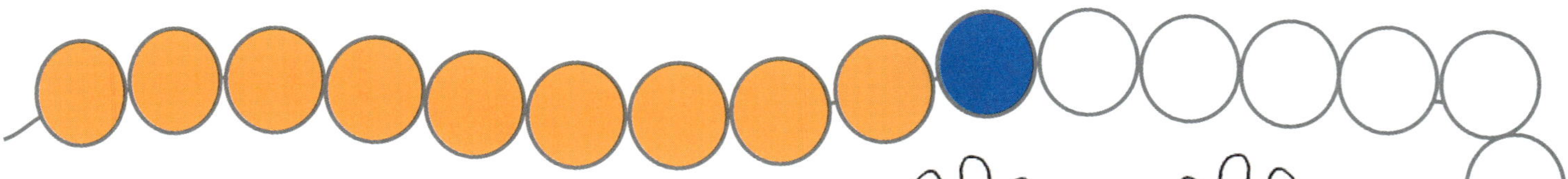

Wovon gibt es genau 9? Male an.

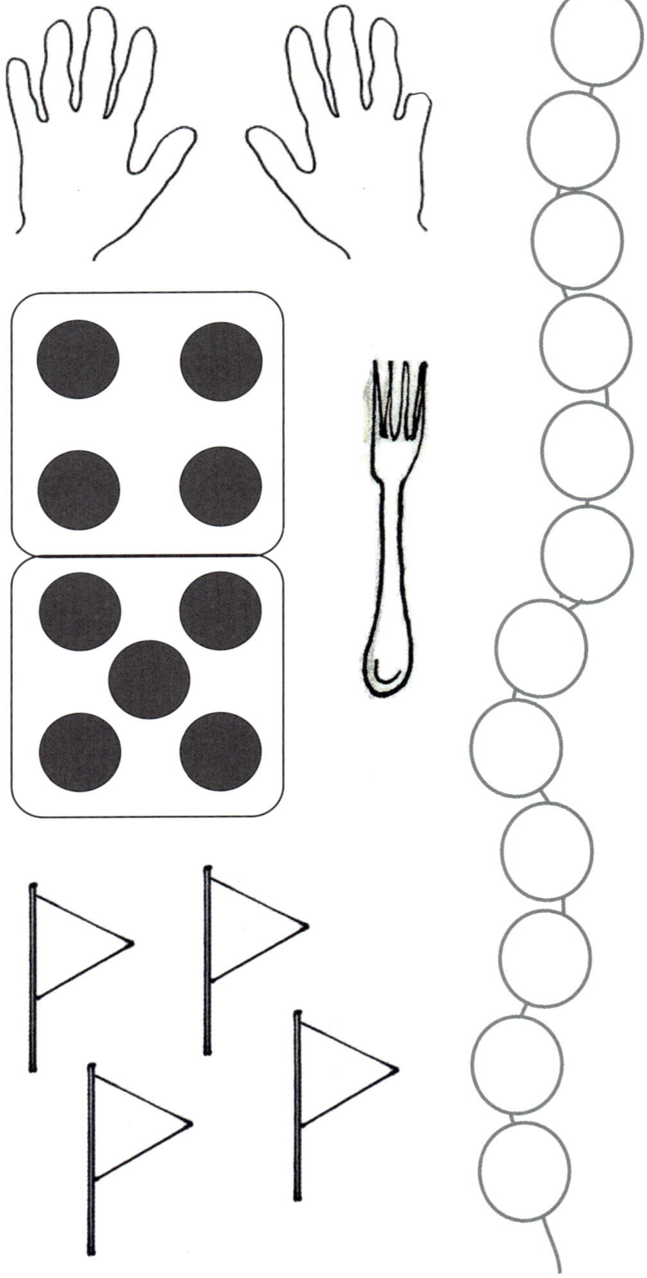

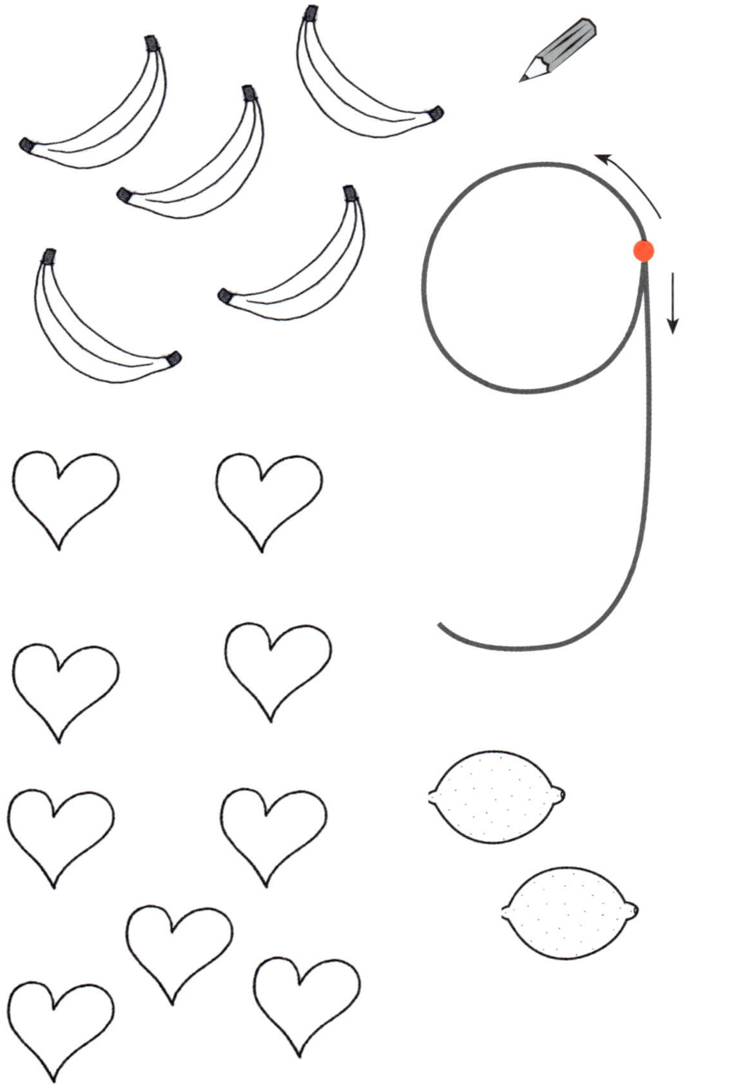

Schreibe nach.

Schneide aus einem Katalog 9 gleiche Dinge aus. Klebe auf.

Finde die Ziffer 9 und kreise sie ein.

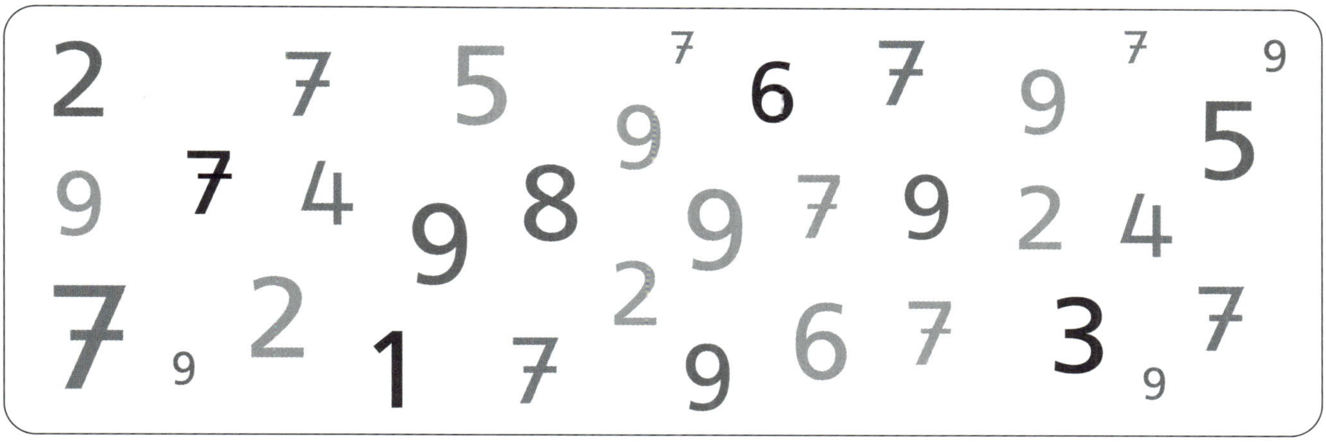

Schreibe nach.

Alternativ zur ersten Übung: Neun gleiche Gegenstände malen.

Finde die Ziffer 9 und male sie an!

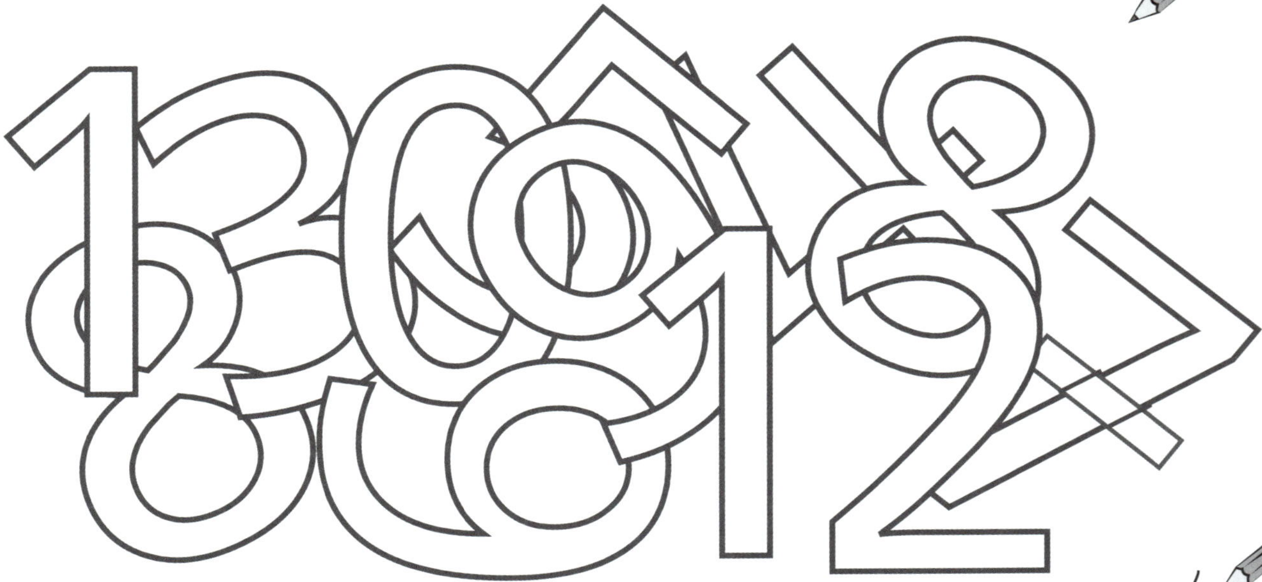

Kreise immer 9 Dinge ein.

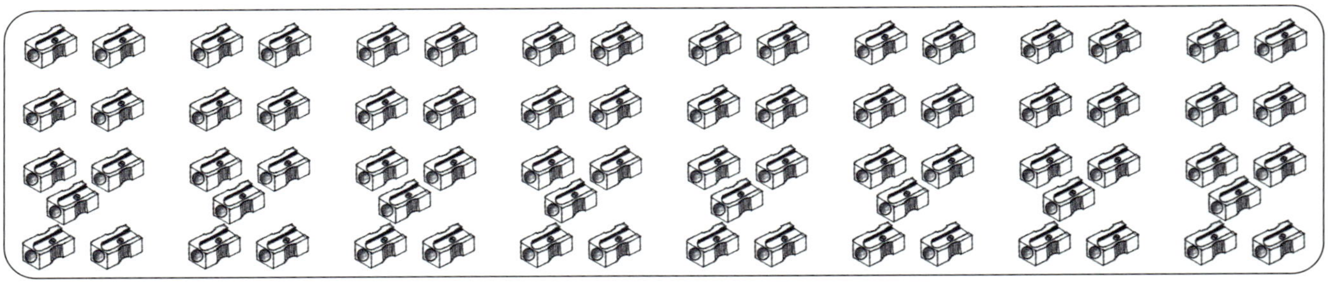

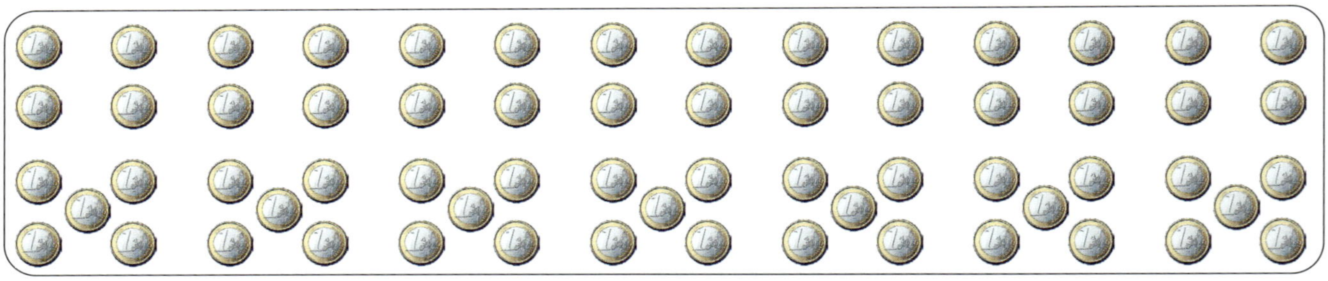

Schreibe nach.

Immer 9. Streiche aus oder male dazu.

Wie geht es weiter? Male.

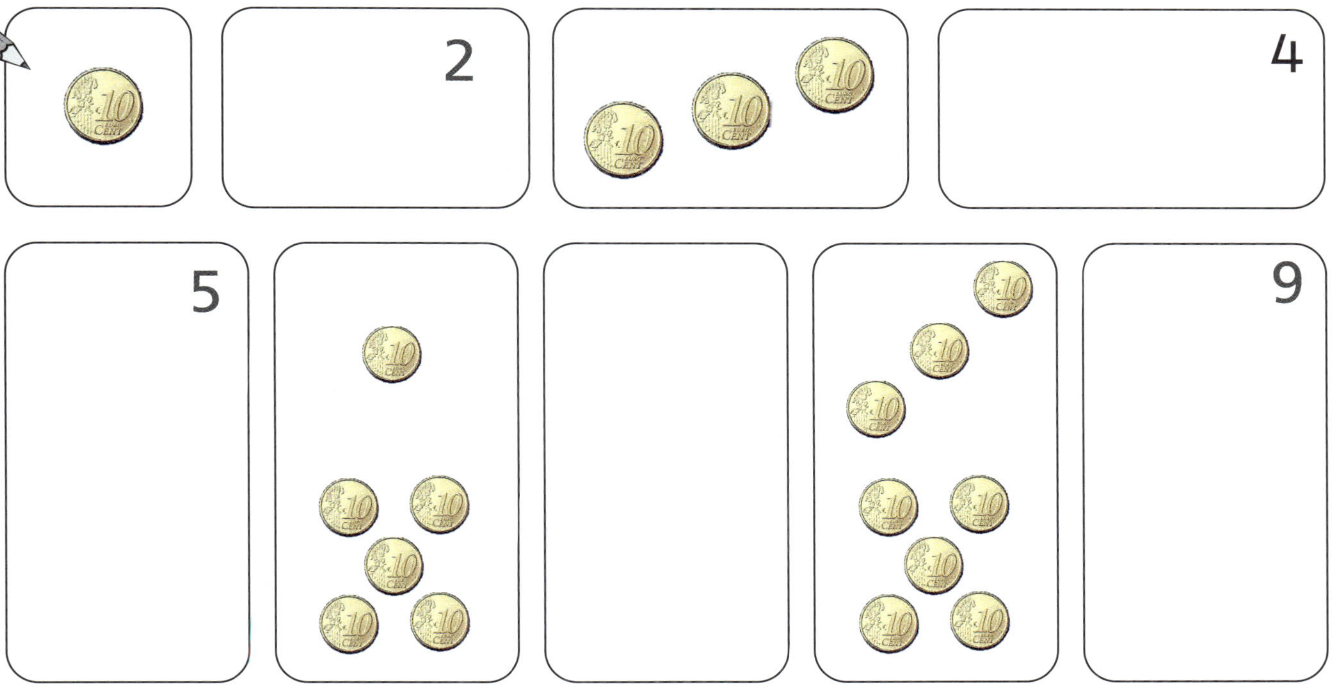

Schreibe.

9

Schreibe.

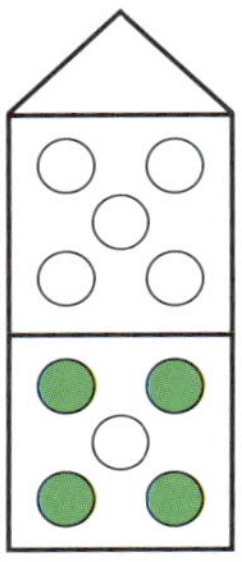

4

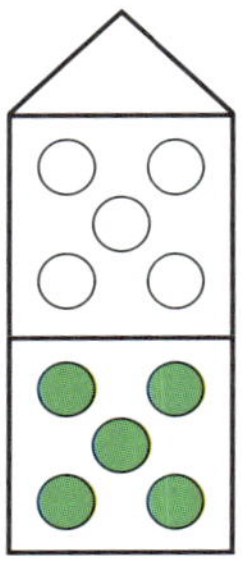

5

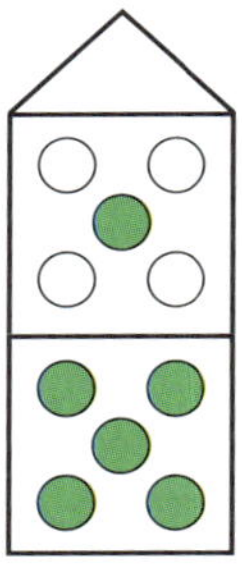

6

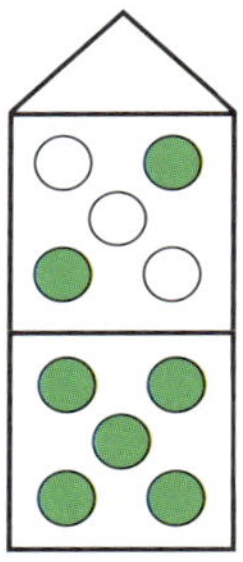

7

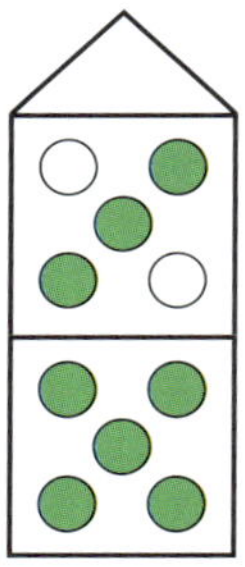

8

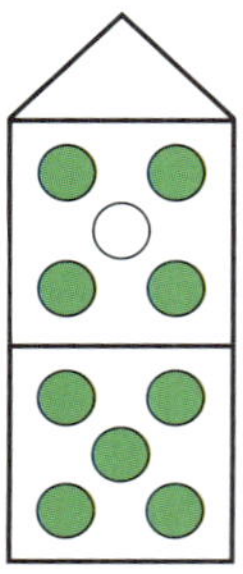

9

Schneide aus einem Katalog 10 gleiche Dinge aus. Klebe auf.

10

Kreise immer 10 Dinge rot ein.

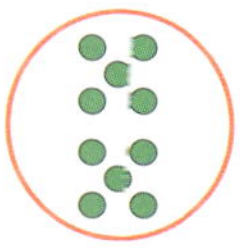

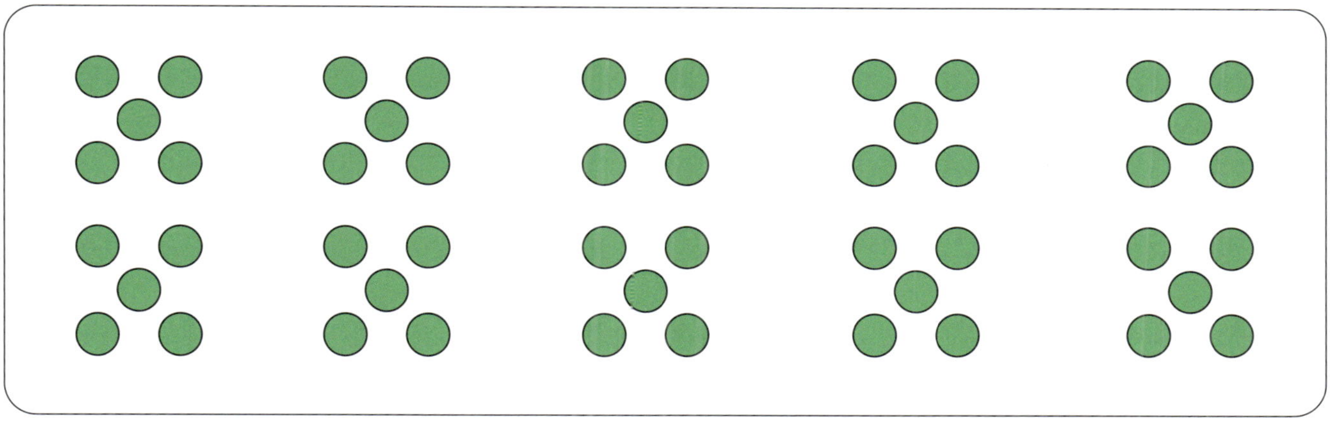

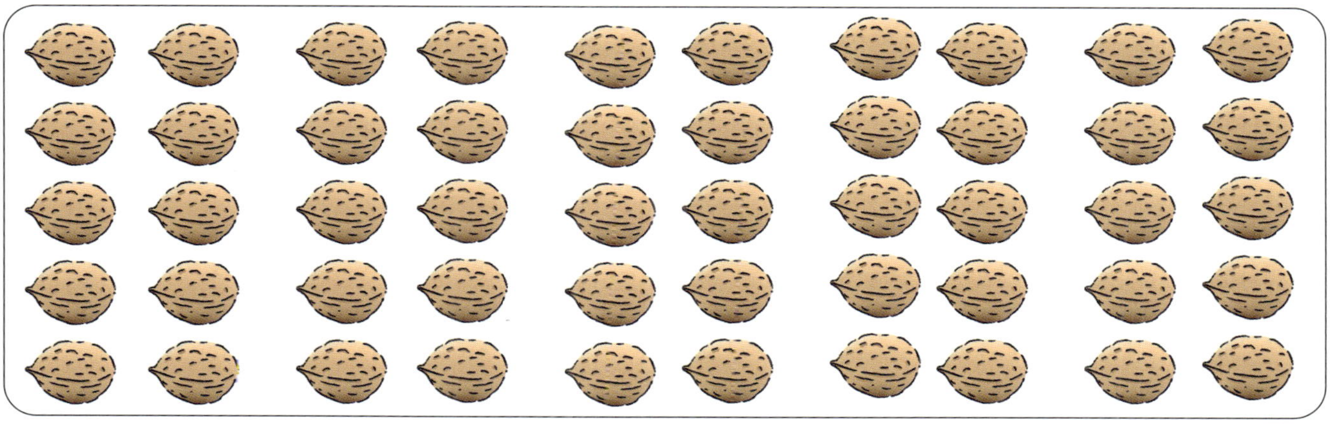

Alternativ zur ersten Übung: Zehn gleiche Gegenstände malen.

Male weiter an.

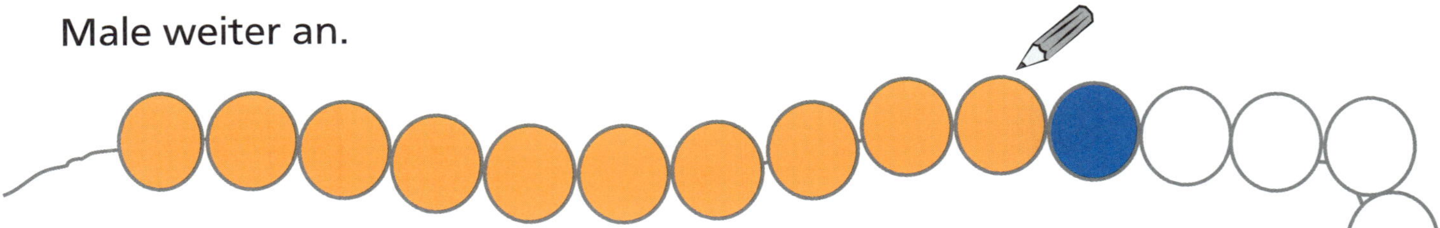

Wovon gibt es genau 10? Male an.

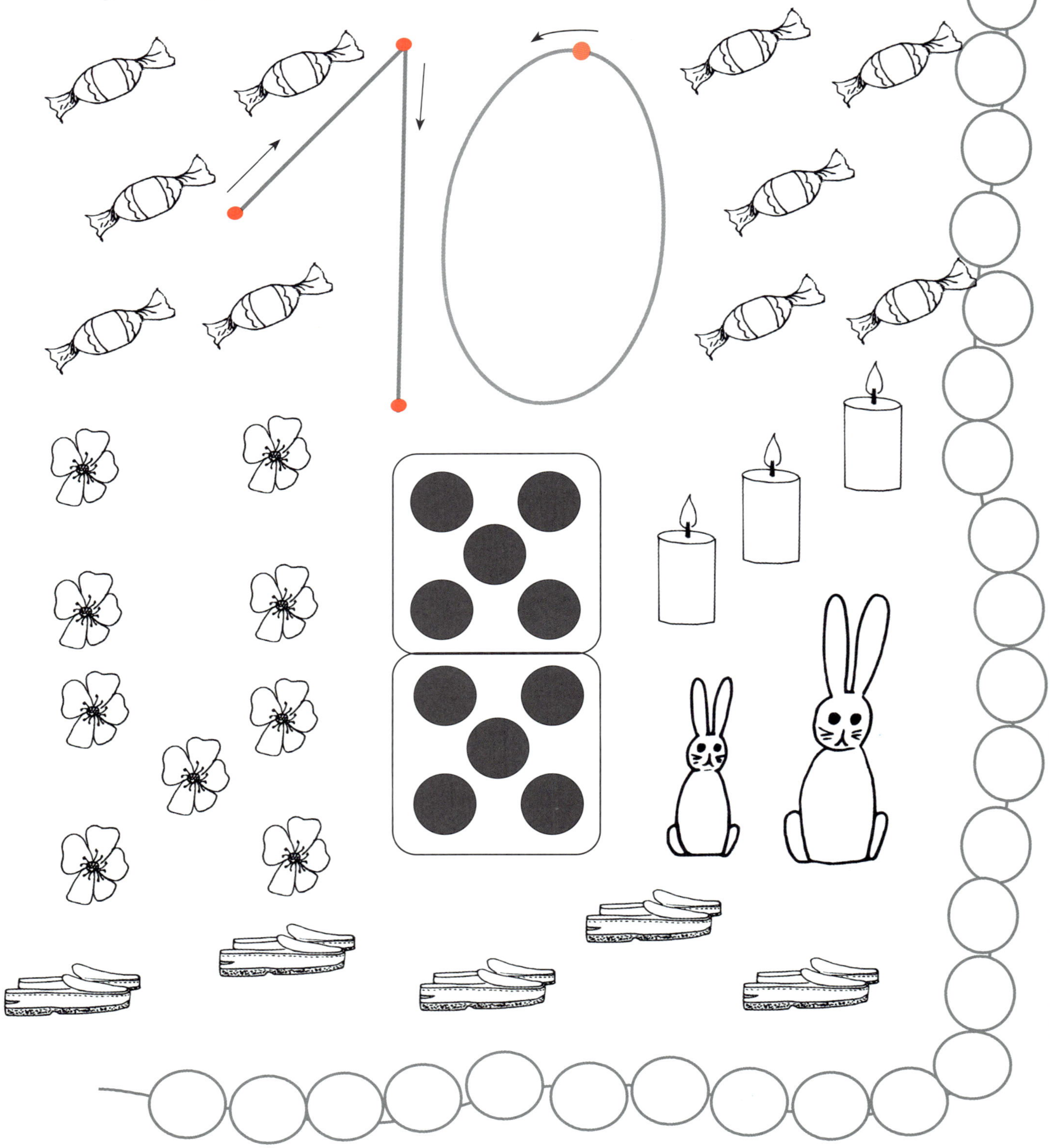

Immer 10. Streiche aus oder male dazu.

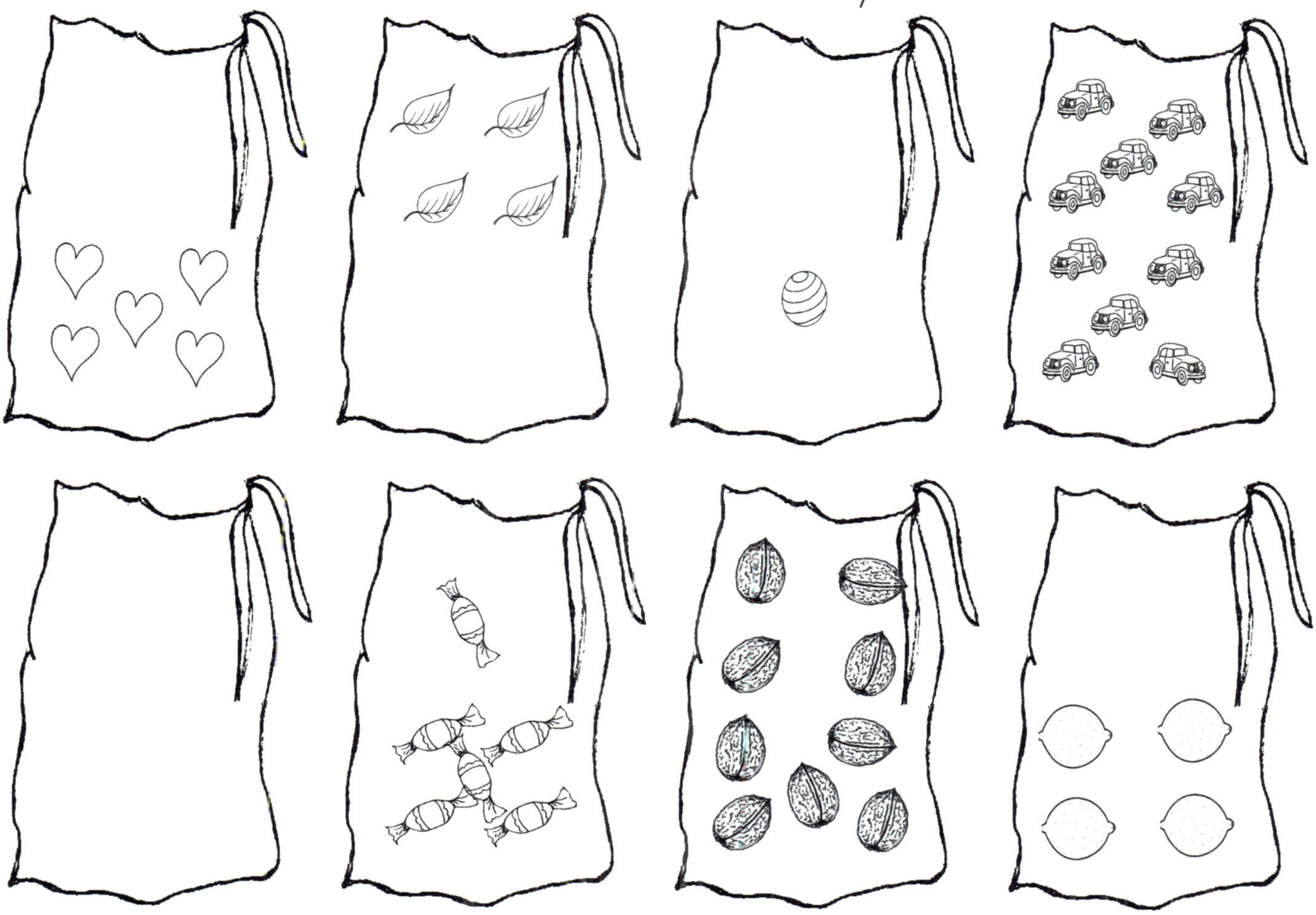

Wie geht es weiter? Male.

Wie viele? Schreibe die Zahl.

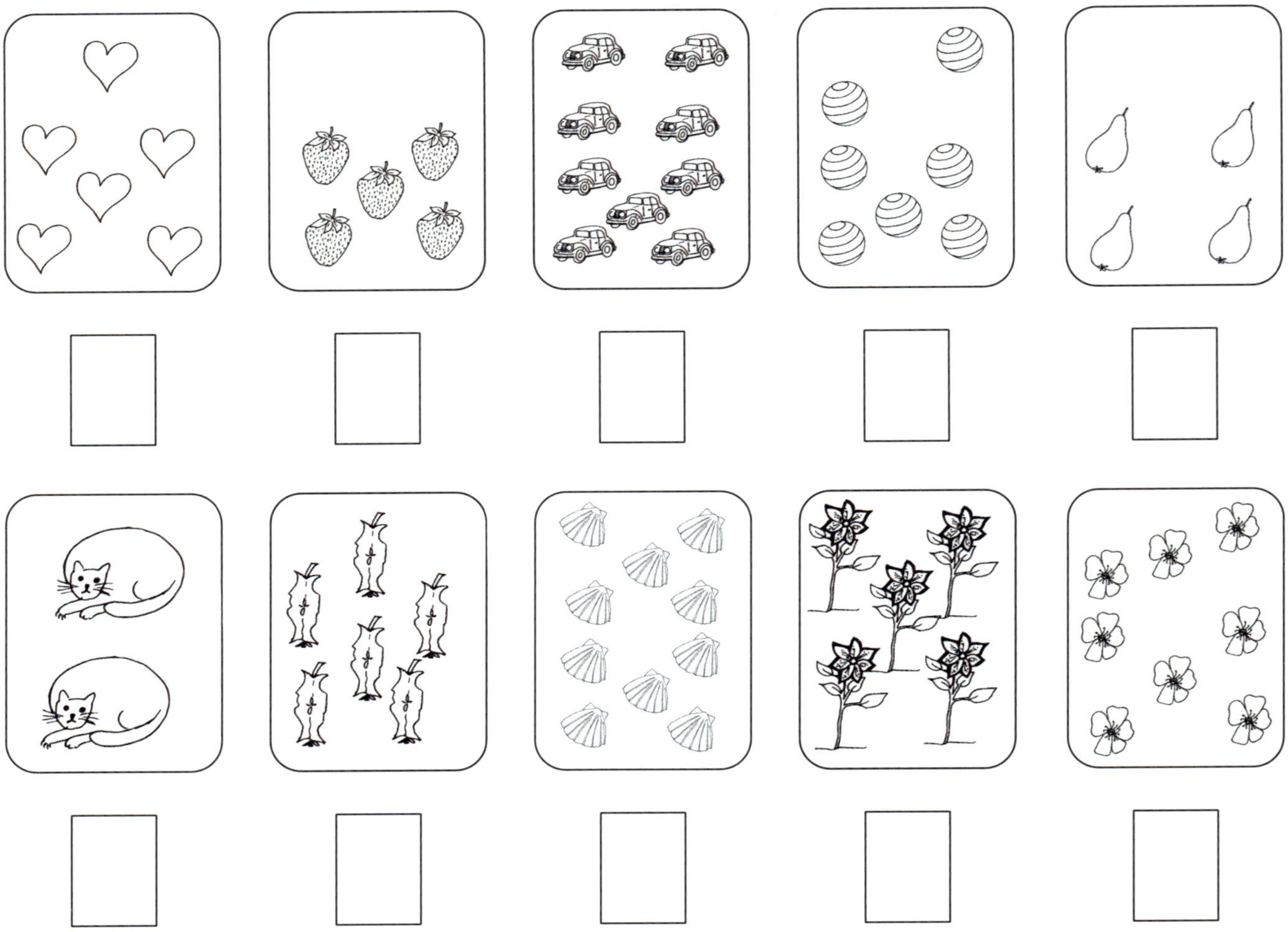

Wie viele Formen von jeder Sorte?

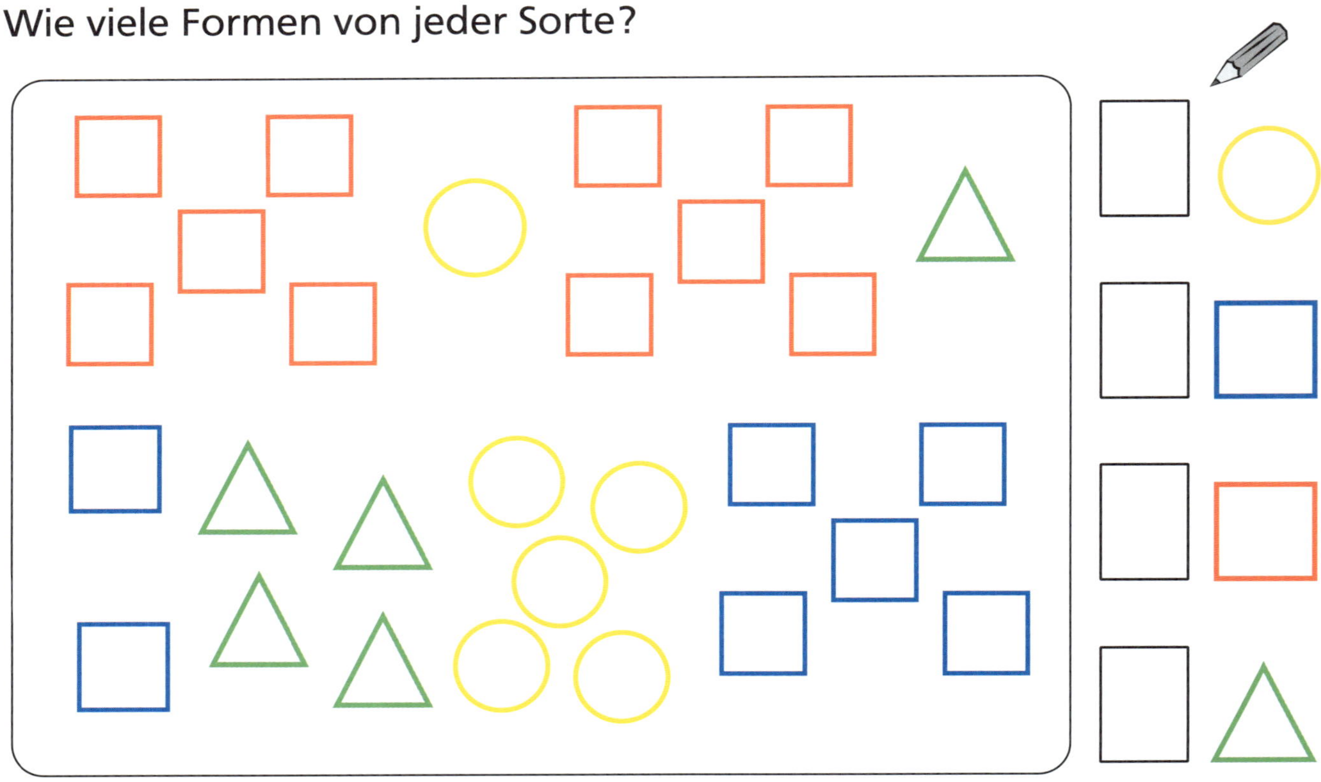

Male passend aus.

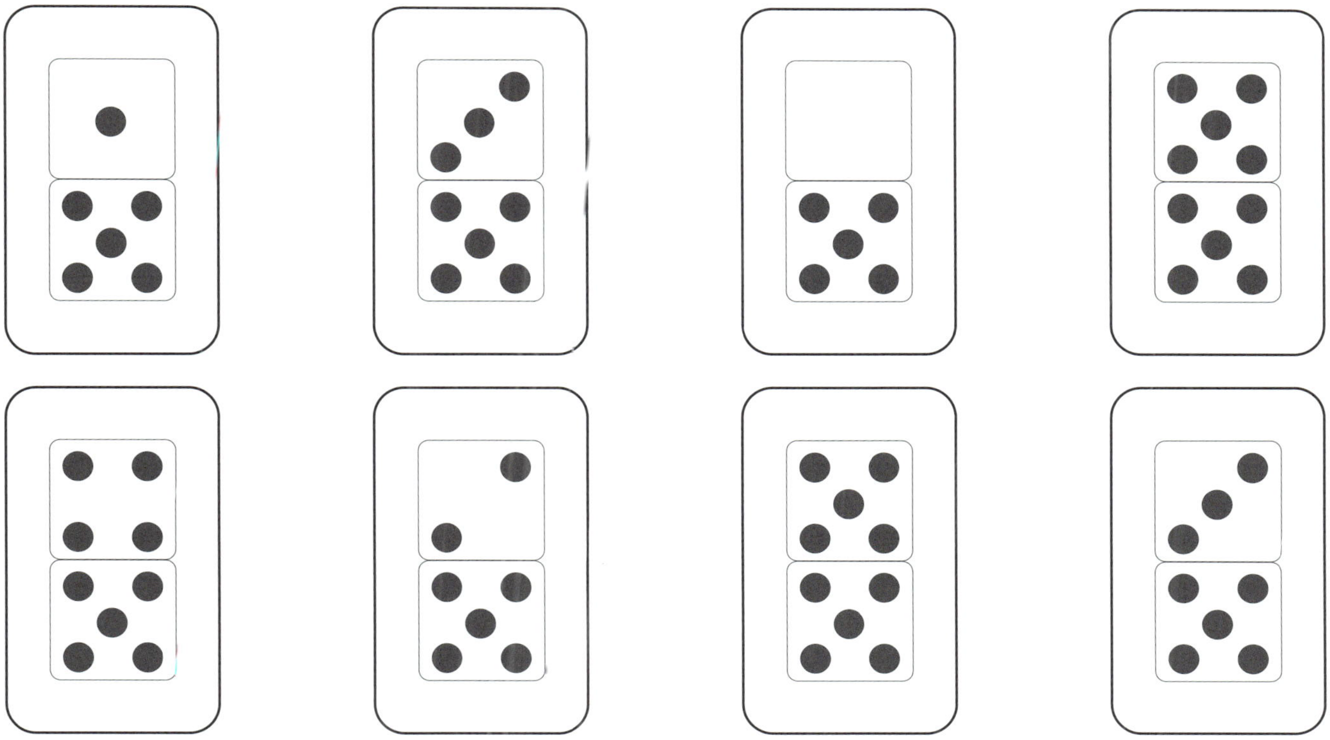

Male passend.

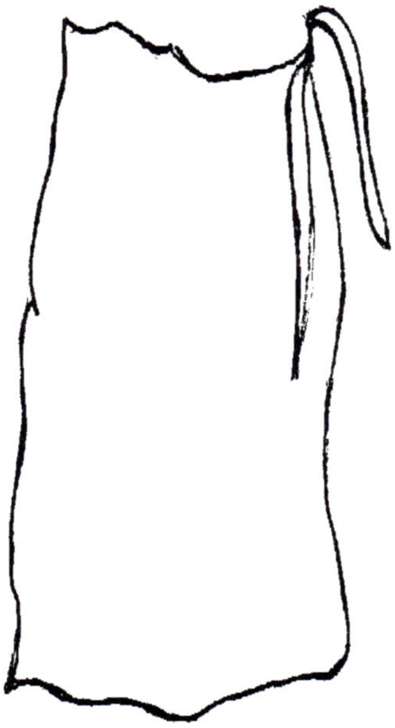

6

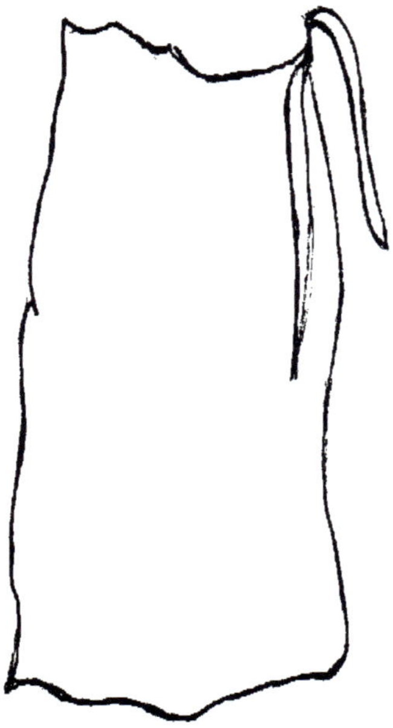

9

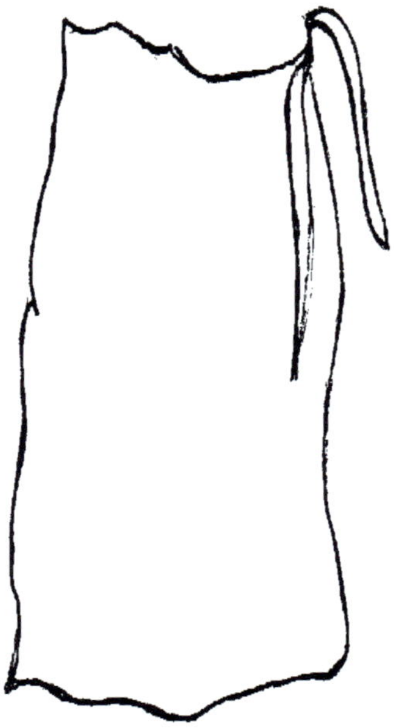

10

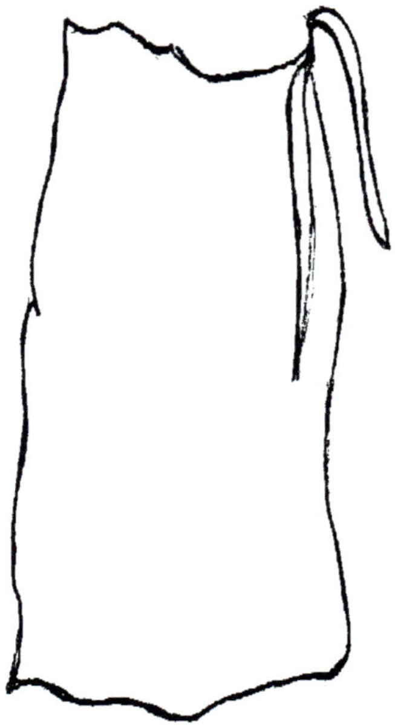

8

Wie viele Bausteine? Schreibe die Zahl auf.

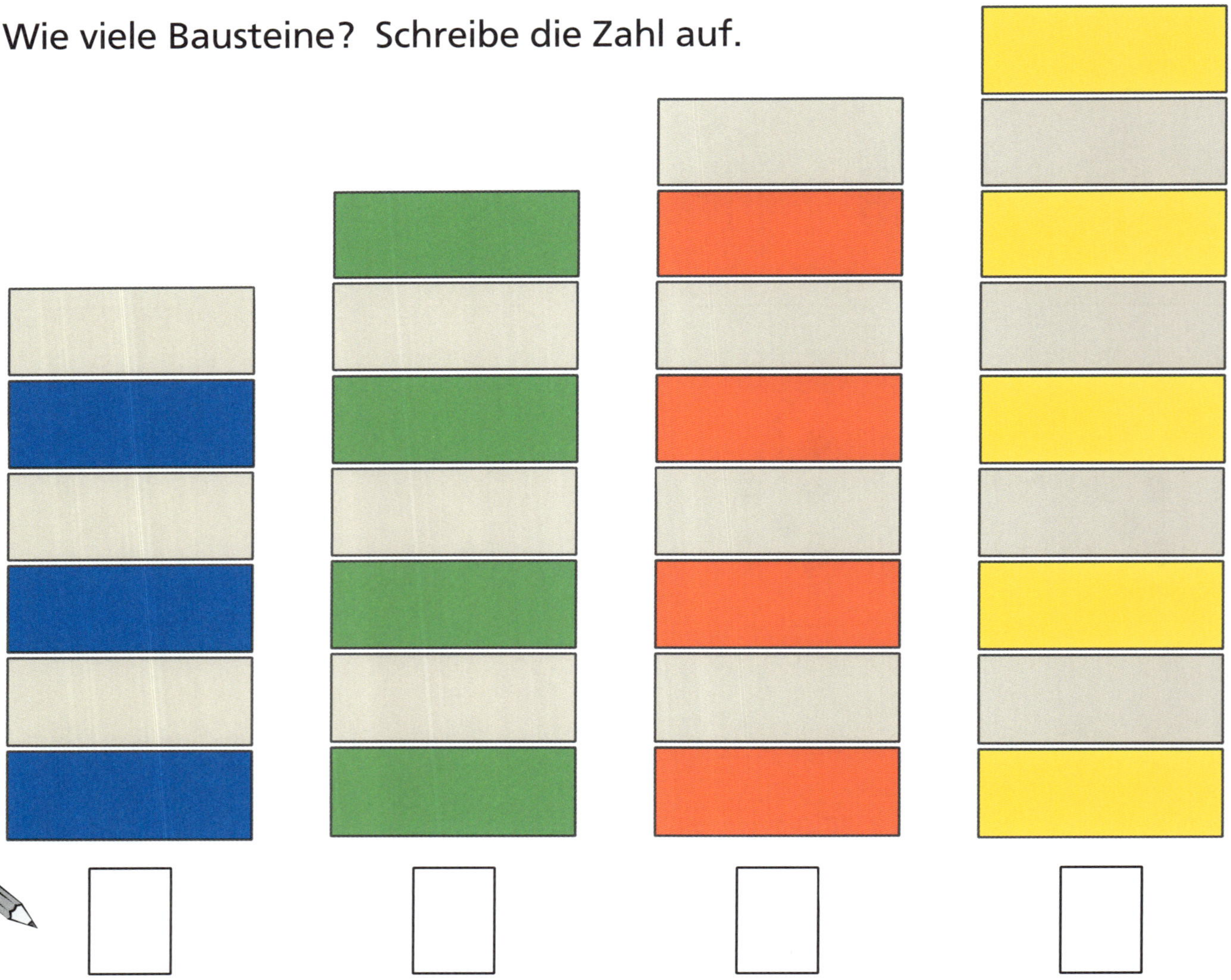

Male Würfelbild, Zahl und passende Menge mit der gleichen Farbe aus.

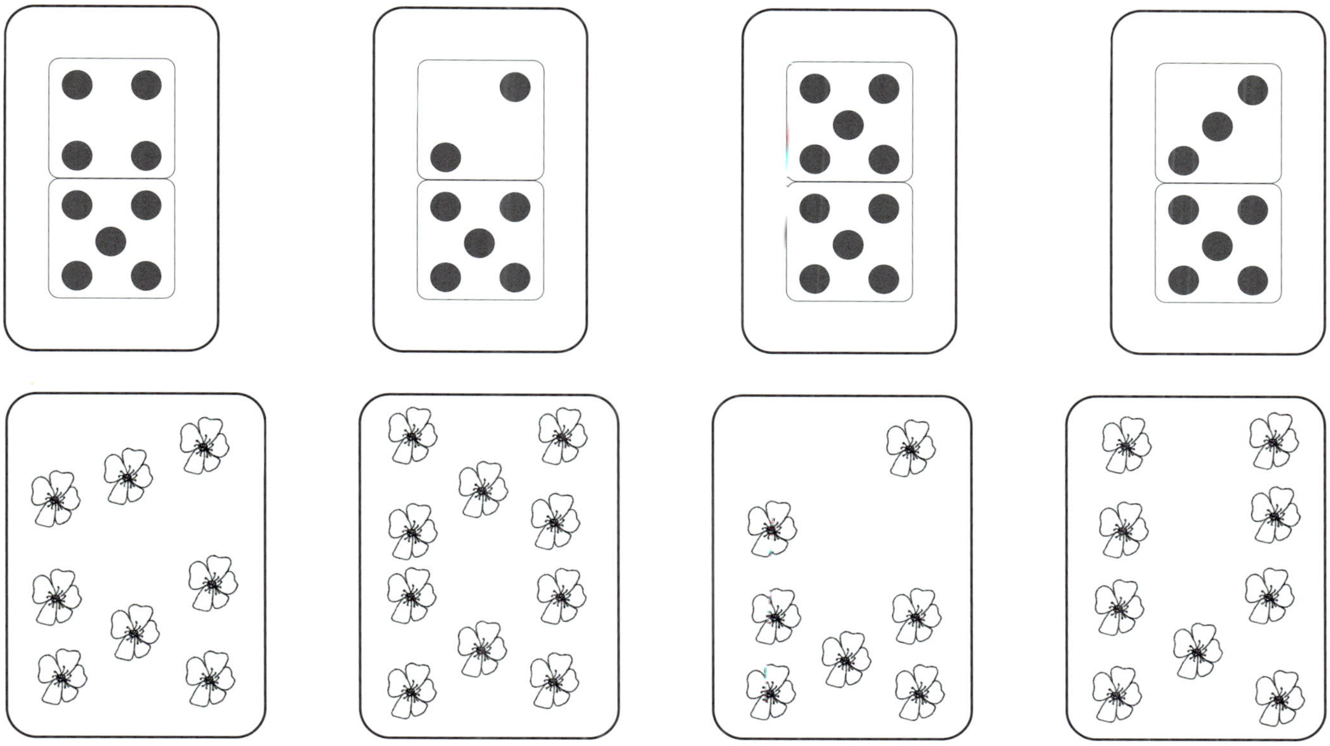

5 6 7 8 9 10

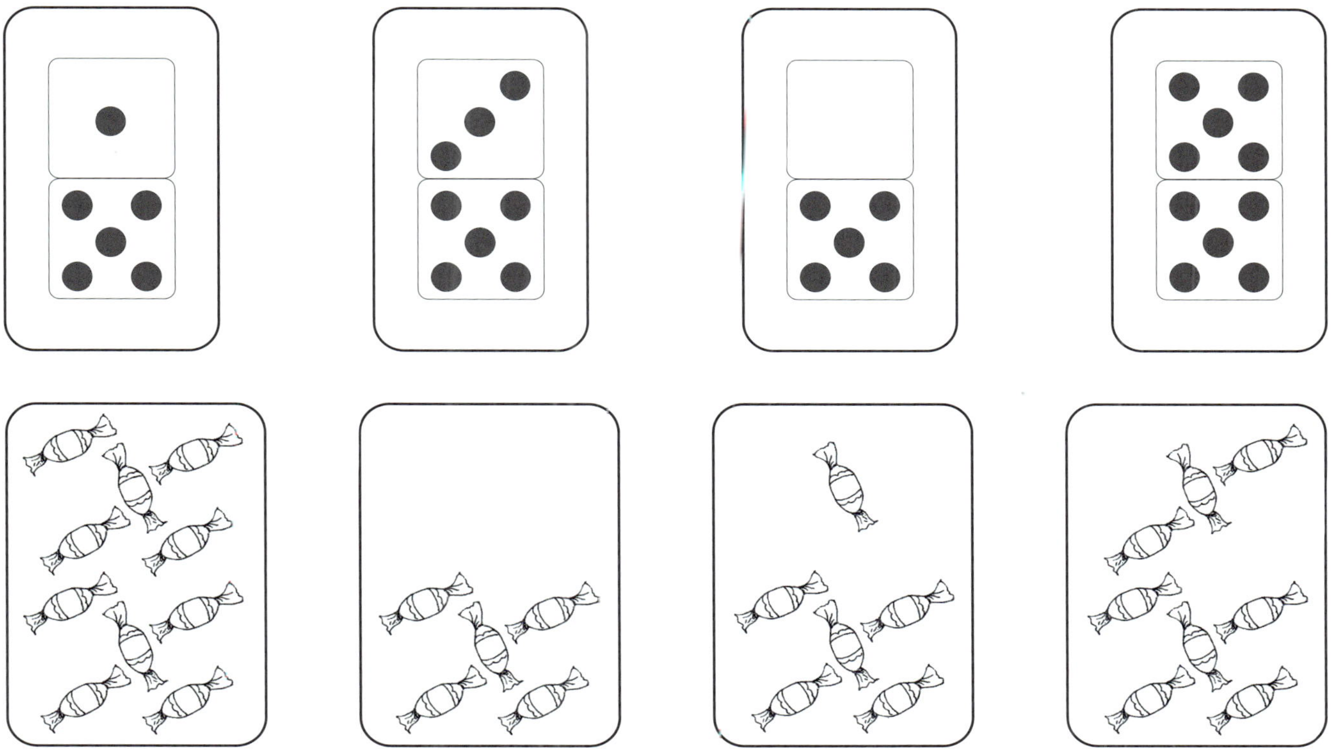

Verbinde die Zahlen. Male aus.

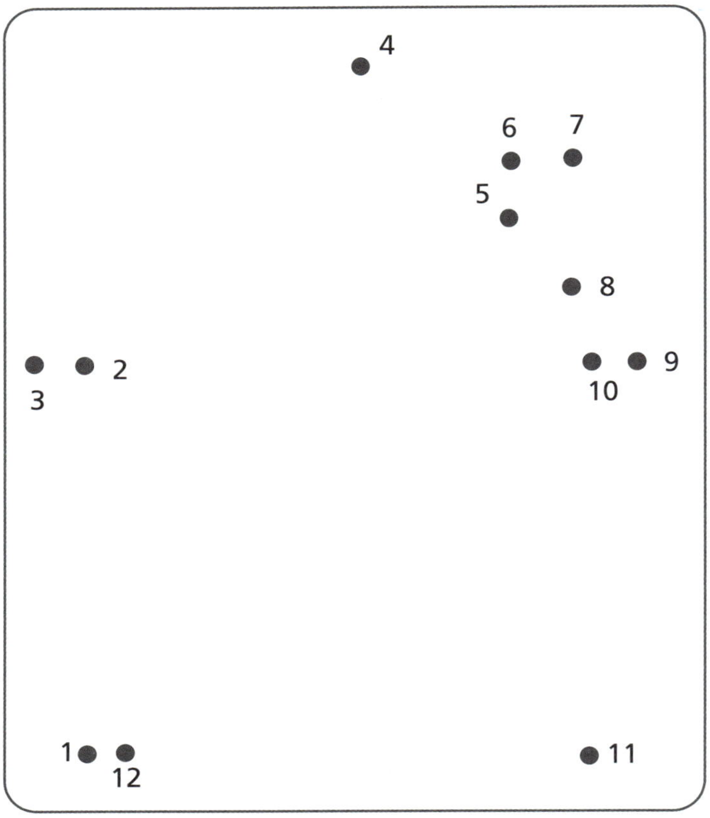

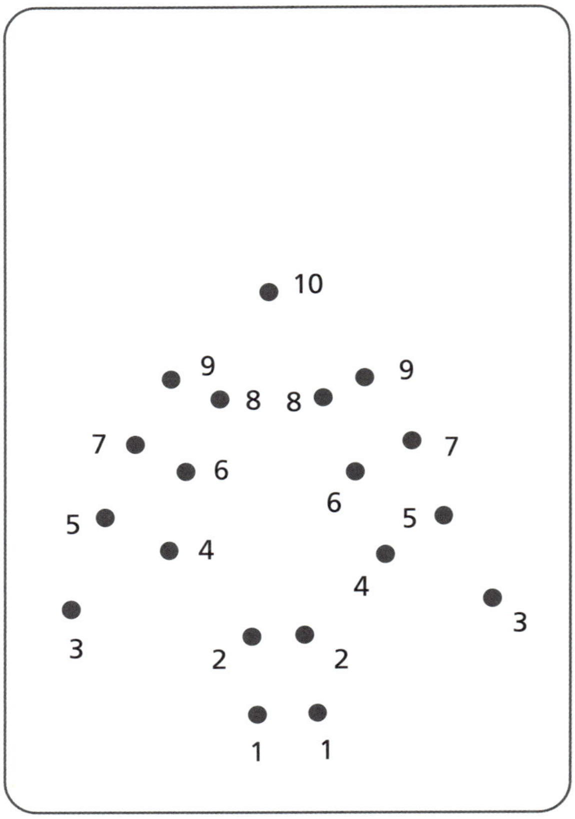

Male zur Zahl das passende Würfelbild.

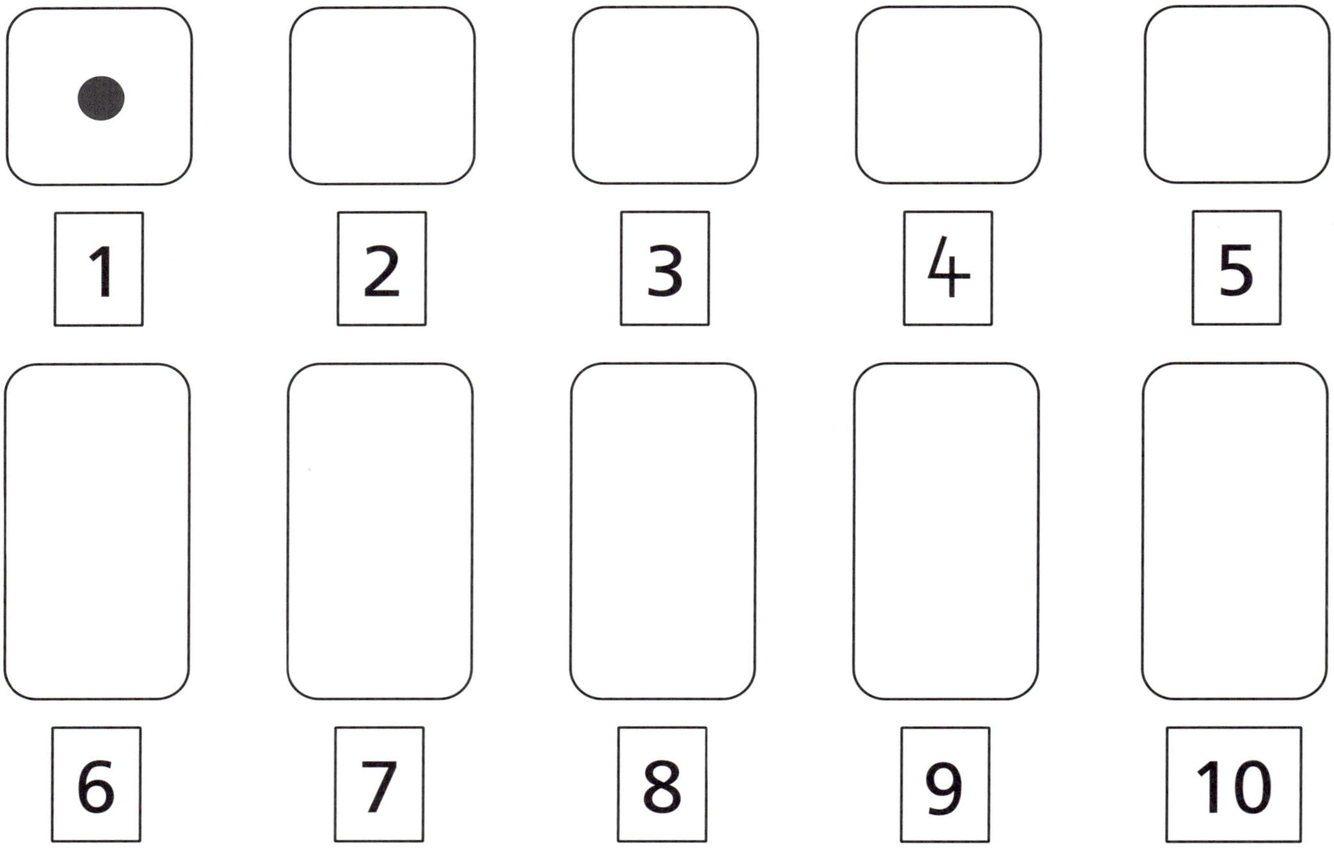

Male so viele Kreise an. Wie viele sind übrig?

1	○ ○ ○ ○ ○ ○ ○ ○ ○ ○	9
2	○ ○ ○ ○ ○ ○ ○ ○ ○ ○	
3	○ ○ ○ ○ ○ ○ ○ ○ ○ ○	
4	○ ○ ○ ○ ○ ○ ○ ○ ○ ○	
5	○ ○ ○ ○ ○ ○ ○ ○ ○ ○	
6	○ ○ ○ ○ ○ ○ ○ ○ ○ ○	
7	○ ○ ○ ○ ○ ○ ○ ○ ○ ○	
8	○ ○ ○ ○ ○ ○ ○ ○ ○ ○	
9	○ ○ ○ ○ ○ ○ ○ ○ ○ ○	
10	○ ○ ○ ○ ○ ○ ○ ○ ○ ○	

Streiche aus - oder male dazu.

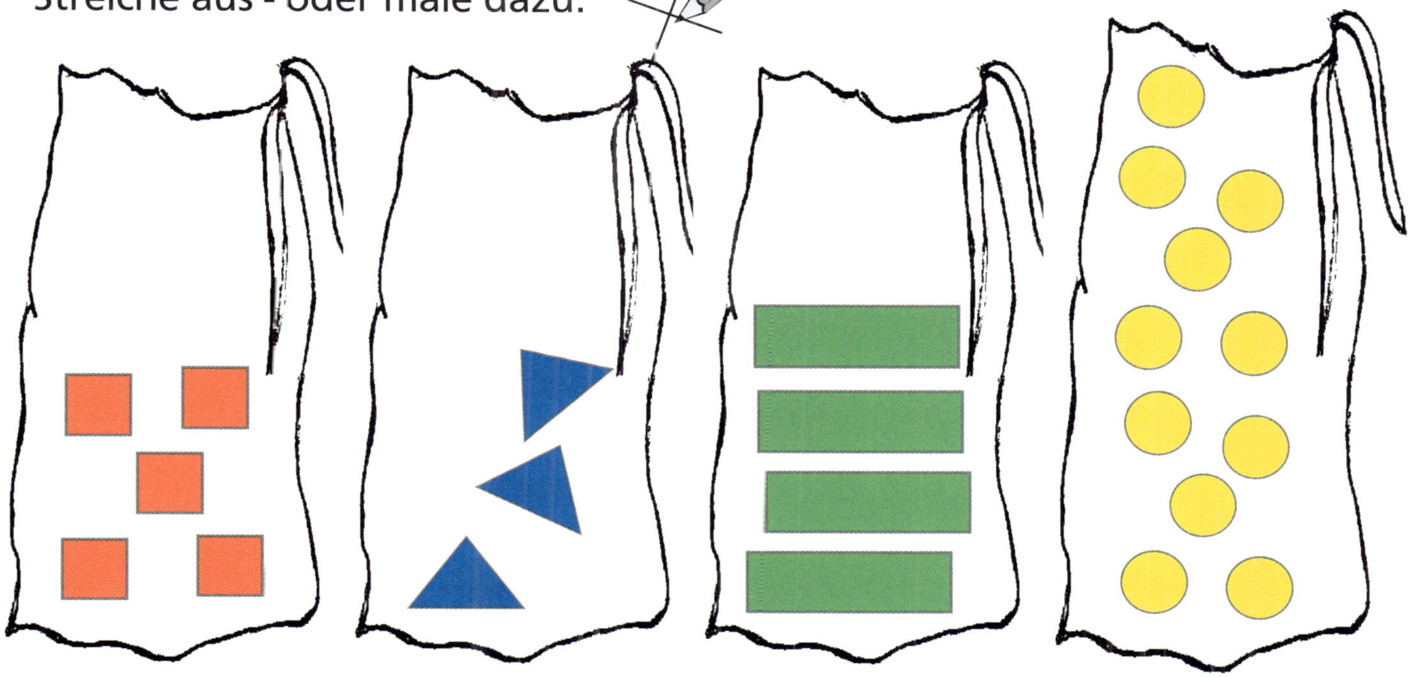

8 5 6 10

Feststellung Lernstand Mengen und Zahlen 5 bis 10: Wird vorwiegend gezählt, oder schon simultan erfasst?

Welche Zahlen fehlen? Fülle aus.

1		3		5				9	

2			5	

			8	

			3	

6				

Verbinde Zahl, Würfelbild und Menge.

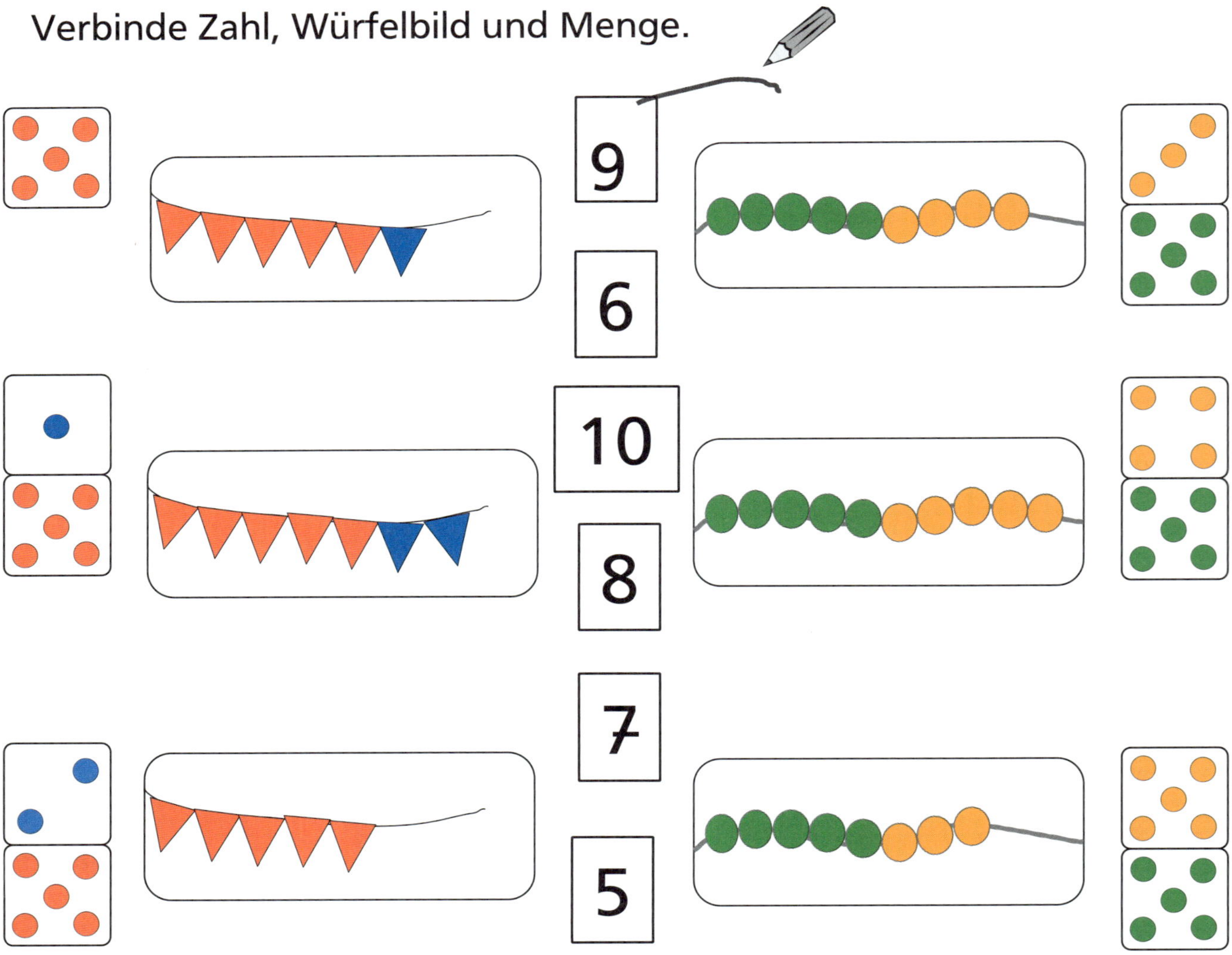

Ausschneidevorlange zu S.5 (Groß/Klein)

Ausschneidevorlange zu S.7 (Groß/Klein)

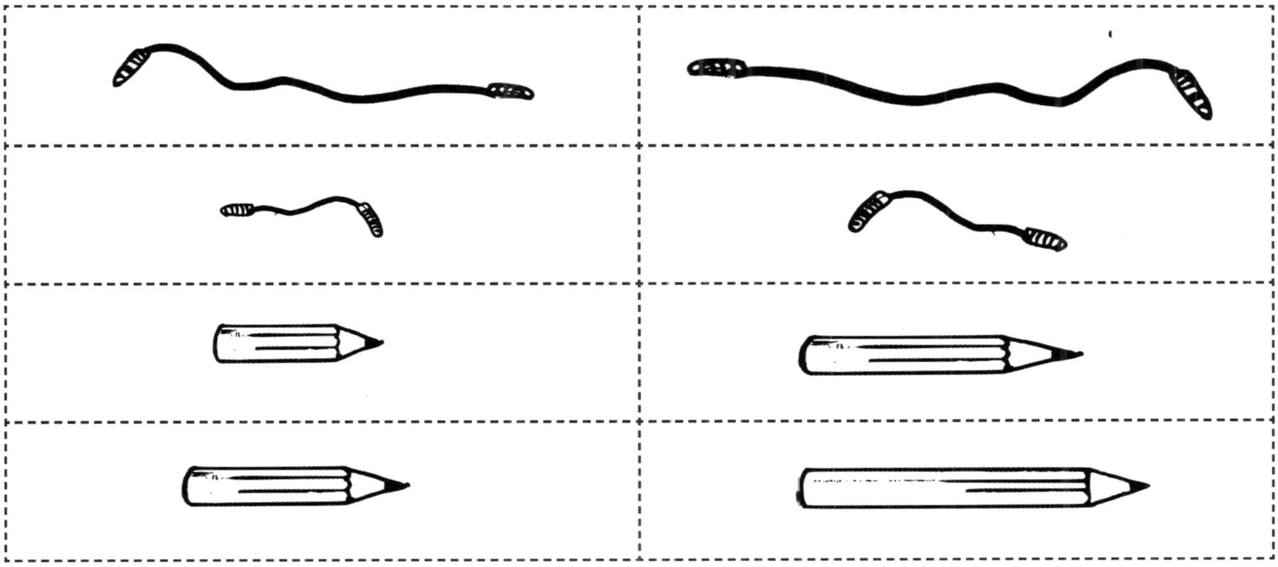

Ausschneidevorlange zu S.31 (1-1-Zuordnung)

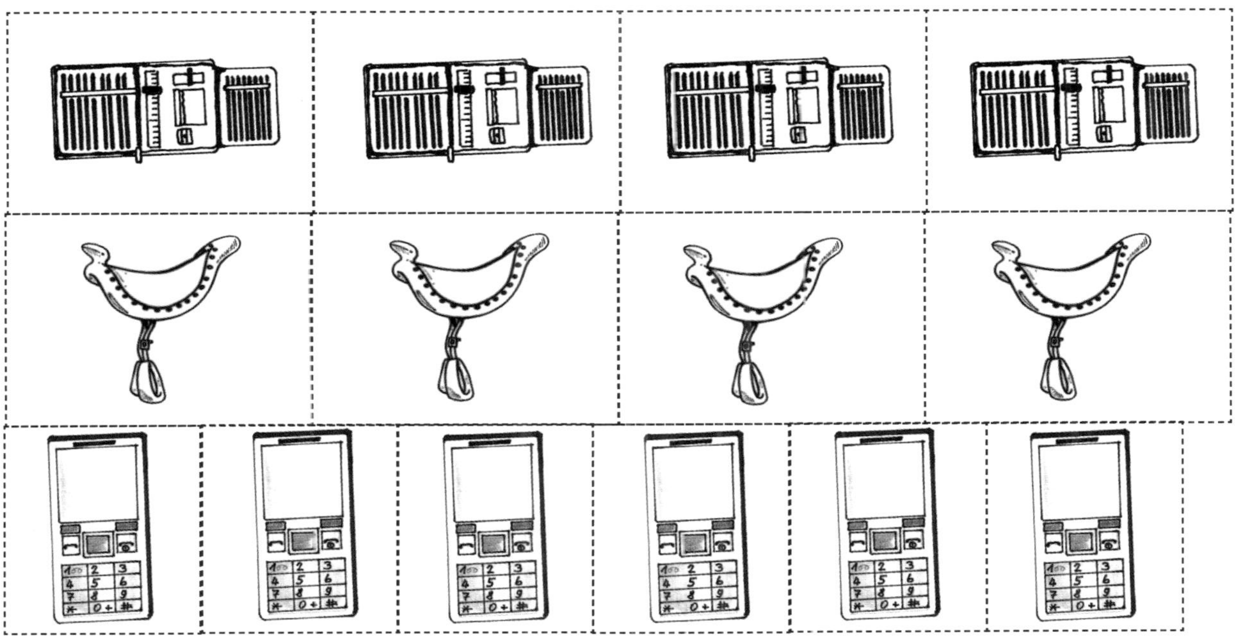